"十二五"职业教育国家规划教材
经全国职业教育教材审定委员会审定
普通高等教育"十一五"国家级规划教材

制冷压缩机与设备实训

第 2 版

主　编　王　琪
副主编　宋吉泽　邵长波
参　编　周艳蕊　关小满　纪振江
主　审　匡奕珍

机械工业出版社

本书是经全国职业教育教材审定委员会审定的"十二五"职业教育国家规划教材。

　　本书主要介绍了与制冷和空调系统有关的钳工工具的结构、使用；制冷压缩机进行拆卸、装配和测量时的一些专用工具的使用；活塞式、螺杆式和离心式制冷压缩机的拆卸及装配的操作、注意事项，并在此基础上分析与压缩机有关的简单故障；制冷和空调系统中与制冷压缩机有关的测量数据及测量仪表的使用；容积式制冷压缩机的制冷量测定方法；冷凝器与蒸发器的加工、清洗；离心泵的拆卸及装配、性能测试和气蚀实验；如何在基本完成制冷压缩机和设备学习后绘制制冷系统原理图。

　　本书可供高职高专制冷与空调专业学生作为专业课实训教材使用，也可作为制冷与空调行业技工、技师的培训教材或参考书，还可供从事相关专业的技术人员学习和参考。

图书在版编目(CIP)数据

　　制冷压缩机与设备实训/王琪主编. —2版. —北京：机械工业出版社，2016.8（2025.9重印）

　　"十二五"职业教育国家规划教材　经全国职业教育教材审定委员会审定　普通高等教育"十一五"国家级规划教材

　　ISBN 978-7-111-54309-1

　　Ⅰ.①制…　Ⅱ.①王…　Ⅲ.①制冷压缩机—高等职业教育—教材　Ⅳ.①TB652

　　中国版本图书馆 CIP 数据核字（2016）第 163762 号

机械工业出版社（北京市百万庄大街22号　邮政编码100037）
策划编辑：张双国　责任编辑：张双国
责任校对：佟瑞鑫　封面设计：路恩中
责任印制：刘　媛
北京建宏印刷有限公司印刷
2025年9月第2版第5次印刷
184mm×260mm　·9.75 印张 · 232 千字
标准书号：ISBN 978-7-111-54309-1
定价：28.00元

电话服务	网络服务
客服电话：010-88361066	机 工 官 网：www.cmpbook.com
010-88379833	机 工 官 博：weibo.com/cmp1952
010-68326294	金 书 网：www.golden-book.com
封底无防伪标均为盗版	机工教育服务网：www.cmpedu.com

前　言

本书是经全国职业教育教材审定委员会审定的"十二五"职业教育国家规划教材，随着高等职业教育改革的不断深化，各职业院校越来越重视学生实践技能的培养，本书正是为系统地强化学生的实践动手能力而编写的。

本书紧密结合配套的理论教材《制冷压缩机》，对于理论教材中介绍的工作原理和基本结构，只做简要说明；重点介绍了与实际操作有关的内容。

本书主要内容包括：与制冷和空调系统有关的钳工工具的结构、使用，制冷压缩机进行拆卸、装配和测量时的一些专用工具的使用。活塞式、螺杆式和离心式制冷压缩机的拆卸及装配的步骤、注意事项，并在此基础上分析与压缩机有关的简单故障。制冷和空调系统中与制冷压缩机有关的测量数据及测量仪表的使用。容积式制冷压缩机的制冷量测定方法。冷凝器与蒸发器的加工、清洗。离心泵的拆卸及装配、性能测试和气蚀实验。在基本完成制冷压缩机和设备学习后绘制制冷系统原理图。

本书可供高职高专制冷与空调专业学生作为专业课实训教材使用，也可作为制冷与空调行业技工、技师的培训教材或参考书，还可供从事相关专业的技术人员学习和参考。

本书由山东商业职业技术学院王琪任主编，烟台冰轮集团宋吉泽及山东商业职业技术学院邵长波任副主编。全书共八章，第一章、第三章由王琪编写，第四章由宋吉泽编写，第二章、第五章由邵长波编写，第六章由纪振江编写，第七章由周艳蕊编写，第八章由关小满编写。

匡奕珍担任本书主审并提出了许多宝贵的修改意见，在此特予致谢。

由于编者水平有限，书中难免存在不足之处，恳请广大读者批评、指正。

编　者

目 录

前言
第一章 制冷系统认知实训 1
    实训一 制冷系统原理图的绘制 1
    实训二 认识制冷压缩机 8
第二章 基本技能训练 17
    实训三 常用钳工工具的使用 17
    实训四 常用测量工具的使用 23
第三章 活塞式制冷压缩机拆装实训 31
    实训五 活塞连杆组、曲轴的拆卸与装配 31
    实训六 气缸套、气阀组的拆卸与装配 34
    实训七 油泵、轴封、安全阀的拆卸与装配 39
    实训八 油三通阀、能量调节阀、液压缸拉杆机构的拆卸与装配 43
    实训九 活塞式制冷压缩机整机的拆卸与装配 47
第四章 螺杆式制冷压缩机拆装实训 53
    实训十 螺杆式制冷压缩机轴封与轴承的拆卸与装配 53
    实训十一 螺杆式制冷压缩机能量调节指示器的拆卸与装配 60
    实训十二 螺杆式制冷压缩机的整机拆卸 65
    实训十三 螺杆式制冷压缩机的整机装配 71
第五章 离心式制冷压缩机拆装实训 76
    实训十四 离心式制冷压缩机组和组件认知 76
    实训十五 离心式制冷压缩机的拆卸和装配 83
第六章 制冷压缩机的检修 85
    实训十六 制冷压缩机间隙和磨损的测量 85
    实训十七 制冷压缩机主要零件的测绘 88
    实训十八 制冷压缩机的简单故障分析与排除 91
第七章 制冷压缩机的性能测试 96
    实训十九 制冷压缩机常用参数的测定 96
    实训二十 容积式制冷压缩机制冷量的测试 109
第八章 制冷设备实训 116
    实训二十一 换热器的加工及装配 116
    实训二十二 换热器的清洗 120
    实训二十三 制冷阀件的安装与拆卸 122
    实训二十四 离心泵的拆卸与装配 129

  实训二十五 泵的性能试验 …………………………………………………… 132
  实训二十六 离心泵的气蚀试验 ………………………………………………… 141
附录 ………………………………………………………………………………………… 145
  附录A 螺杆式制冷压缩机（GB/T 19410—2008）（节选）…………………… 145
  附录B 压缩机和压缩机组型号表示方法 …………………………………………… 147
参考文献 ……………………………………………………………………………………… 149

第一章 制冷系统认知实训

实训一 制冷系统原理图的绘制

一、实训目的

通过实训学习，学生应在掌握双级蒸汽压缩式制冷循环原理的基础上，了解制冷压缩机及各主要制冷设备在系统中所起的作用及安放的位置，基本掌握整个制冷系统的流程，并能针对本实训系统绘制简单的系统原理图。

二、实训要求

1. 认真做好实训笔记。深入掌握每一个制冷设备（包括阀门）的外部结构及管路连接，掌握设备与设备之间的连接方式及原理，掌握冷库系统是如何实现对食品等的低温冷藏的。
2. 实训结束后根据企业实际流程绘制 A2 图幅的制冷系统原理图作为实训作业。
3. 具有强烈的安全生产意识和良好的职业道德素质，尊重实训单位的领导和师傅，遵守实训单位的规章制度。

三、实训器材

（一）实验设备及配件

冷库制冷系统一套。

（二）实验工具

本、笔、图板、丁字尺或计算机。

四、实训内容

（一）系统原理图图例

图例

—————— 回气管	------ 排气管
—————— 供液管	——×× 安全管
——×—— 放空气管	——y—— 放油管
——‖—— 平衡管	电磁阀
截止阀	节流阀
直角阀	止回阀

(二）设备认识

1. 机房部分

制冷系统机房内所放设备主要有制冷压缩机和中间冷却器。

2. 设备间部分

设备间是制冷系统安放设备的主要空间。设备间内有高压贮液器（简称高贮器）、液体分配器、节流阀、低压循环桶、氨泵、液体调节站、气体调节站、空气分离器、低压集油器和紧急泄氨器等设备。

3. 机房外部分

机房外主要设备有氨油分离器、冷凝器、高压集油器和冷却水塔等。

4. 库房部分

库房内的主要设备为蒸发器。

(三）管路连接

1. 高压管路

高压管路是指制冷剂从压缩机排气阀经排气管、油分离器、冷凝器、泄液管、贮液器、高压输液管到达节流阀的那部分循环回路。在冷藏库制冷系统，高压系统的设备和管道大部分置于机房、设备间或室外，因此常被称为机房系统。

高压系统可分为三个部分：压缩部分、冷凝部分和调节部分。

氨蒸汽压缩部分主要由制冷压缩机、吸排气管和双级系统中的间冷却器组成。

本系统为一次节流中间完全冷却的氨双级压缩制冷系统。双级压缩制冷系统由单机双级制冷压缩机（图1-1）或配组双级制冷压缩机与中间冷却器组成。低压级压缩机自低压设备吸入低压蒸汽，经一次压缩变为高温中压的制冷剂蒸汽并被排入中间冷却器，在中间冷却器内被冷却为具有中间压力的饱和蒸汽。然后由高压级压缩机吸入，再次压缩后的高温高压蒸汽被排入油分离器。

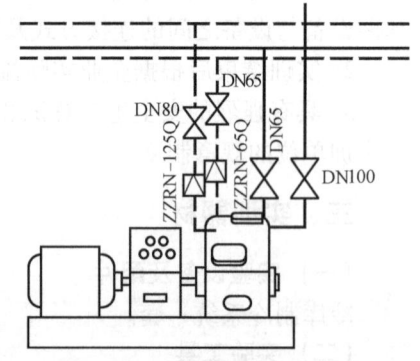

图1-1 单机双级制冷压缩机的连接

压缩机排气管上接有单向阀，主要是用来防止排气管或高压设备中氨液倒流而专门设置的。在氨制冷系统中，氨液倒流的原因主要是由于较低的环境温度，使长期停止运转压缩机的排气管中的氨气冷凝为氨液，待下次开机时氨液通过排气阀进入压缩机而影响压缩机的正常工作。

中间冷却器上部的进气管和出气管分别与制冷压缩机的低压排气和高压吸气相连接，如图1-2所示。用来冷却低压级排气的冷却液体是由高压贮液器供给的，它的一部分经节流阀节流后进入中间冷却器，作为冷却低压级排气的冷源。另一部分进入中间冷却器的蛇形盘管，得到降温后送往液体分配站或节流装置。

冷凝部分主要由油分离器、冷凝器和高压贮液器三个设备及相应的管道和阀门组成，氨制冷系统还有空气分离器。

油分离器是置于制冷压缩机和冷凝器之间的一种气液分离设备，主要作用是把压缩机排出的过热蒸汽中夹带的润滑油在进入冷凝器之前将其分离出来。容器上部有进气和出气管接头，分别与制冷压缩机的高压排气管和冷凝器的进气管相连接。下部有放油管接头，接入集油器，如图1-3所示。

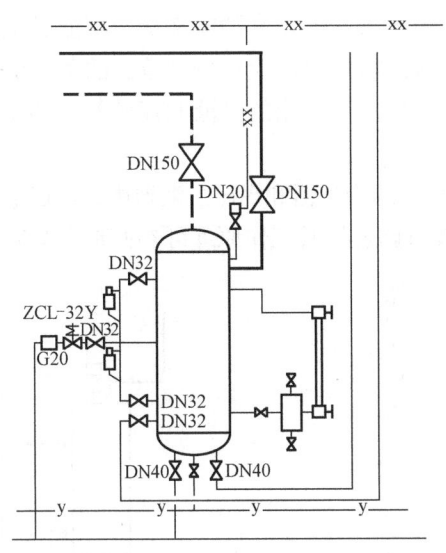

图1-2　中间冷却器的连接

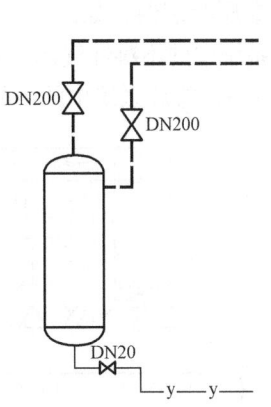

图1-3　油分离器的连接

冷凝器工作时，冷却水经配水箱均匀地通过水分配装置，从顶部进入管道后，沿壁面呈膜状向下流动，流下的水集中在下面的水池中。制冷剂蒸汽从筒体上部进入，放出热量后在管外凝结成液体，由底部流出，如图1-4所示。

在制冷系统中，冷凝器位于油分离器和高压贮液器之间。其壳体上的主要管路接口有：

上部：

1）进气管：与油分离器出气管相接。

2）安全管：管上装安全阀，连接后通室外大气。安全管是压力容器必备的安全操作。

3）放空气管：放出冷凝器内混有的不凝性气体。

中部：

4）均压管（平衡管）：与高贮器上均压管相连，保证二者的压力均衡，从而确保冷凝器中凝结的氨液及时流往高贮器。

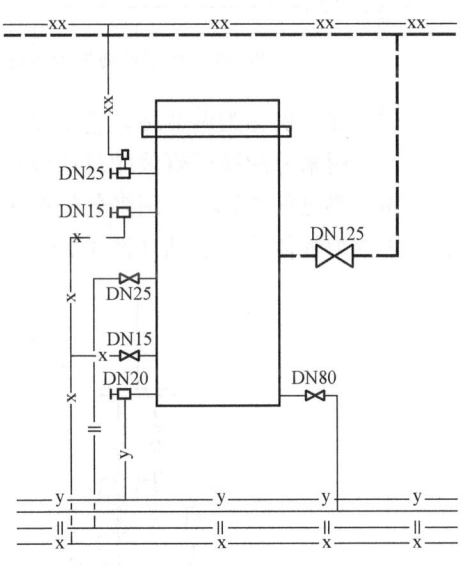

图1-4　立式壳管式冷凝器的连接

5）压力表管：接压力表，用来测量冷凝压力，也是压力容器安全操作的必备。

6）混合气体管：与上部放空气管连接通向空气分离器的进气管。

下部：

7）出液管：与高贮器的进液管相连。

8）放油管：将冷凝器中积聚的润滑油通往集油器。

在大型制冷系统中，直接输送冷凝器中的冷凝液至蒸发器是很难的。制冷系统在变化的蒸发器负荷下工作，经常处于非正常的情况。当蒸发器负荷小时，会有一些氨液积存于冷凝器中，减小冷凝器的工作面积。而当蒸发器负荷较大时，正常的输液量又不能满足要求，容易造成高低压系统串漏。虽然冷凝器内贮存过多的氨液可以应付较大范围的负荷变化，但会占去冷凝器的有效冷凝面积。所以在冷凝器后设置一个专用的氨液贮存设备是必要的，这个设备称为高压贮液器，如图1-5所示。

制冷系统中的不凝性气体主要聚集在高压系统的冷凝器和高压贮液器中，可以通过空气分离器（图1-6）排放系统中的不凝性气体。具体管路连接及工作原理可参见制冷设备教材。

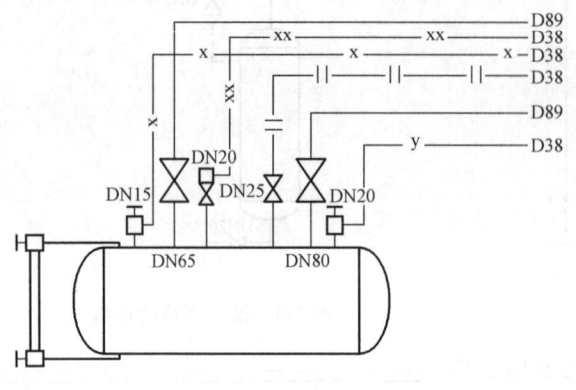 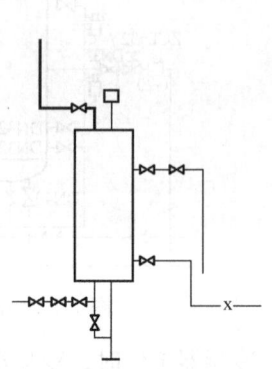

图1-5　高压贮液器的连接　　　　　　　　图1-6　空气分离器的连接

调节部分也称为调节站，它是用来对氨液或氨气进行分配或调度的阀门组。调节站主要有四种：用来分配高压氨液的总调节站。用来向系统内充注氨工质的加氨站。用来分配蒸发器融霜用热氨的热氨站。用来分配低压液体和低压气体的分调节站，将氨制冷剂的状态加入名称之中为气体分调节站（图1-7）和液体分调节站（图1-8）。

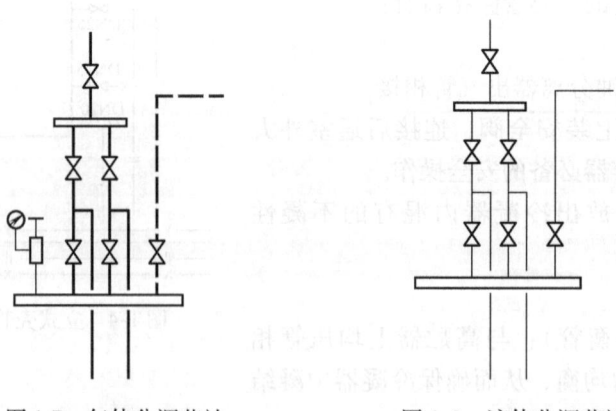

图1-7　气体分调节站　　　　　　　　图1-8　液体分调节站

在氨泵供液系统中的液体调节站，氨液的来源有两个：一个来自于氨泵供液，另一个将高压液体直接膨胀然后输送进调节站，用于氨泵出现故障时使用。气体分调节站用来收集蒸发器回气和分配热氨至各组蒸发器或收集融霜排液并将其输送至排液桶。

2. 低压管路

低压管路指制冷剂离开节流阀进入蒸发器，经过吸气管到达压缩机吸气阀的那部分循环回路。低压系统在冷藏库制冷系统因其设备和管道大部分置于库房中，因此常被称为库房系统。

冷却系统可分为两大类：直接冷却和间接冷却系统。直接冷却系统也称为制冷剂直接蒸发制冷系统，它是用蒸发器直接冷却空气。间接冷却系统也称为载冷剂间接冷却系统，它是将低温物体或冷藏库内的热量通过载冷剂传给蒸发器，再由制冷剂蒸发时吸收。在直接冷却系统中，向蒸发器的供液方式主要有四种：直接膨胀供液、重力供液、氨泵供液和气泵供液。

氨泵供液系统有一桶一泵和一桶两泵两种形式。下图为一桶两泵式，一般可省去排液桶。高压氨液经节流降压后进入低压循环桶（图1-9），供液量由浮球液位控制器控制。循环桶中的氨液由循环桶下部的出液管以截止阀和直角式氨液过滤器进入氨泵，升压后经单向阀、截止阀送入液体分调节站，然后被分配到各组蒸发器。在蒸发器中所产生的气体与未蒸发的液体一同通过气体分调节站返回到循环桶中。

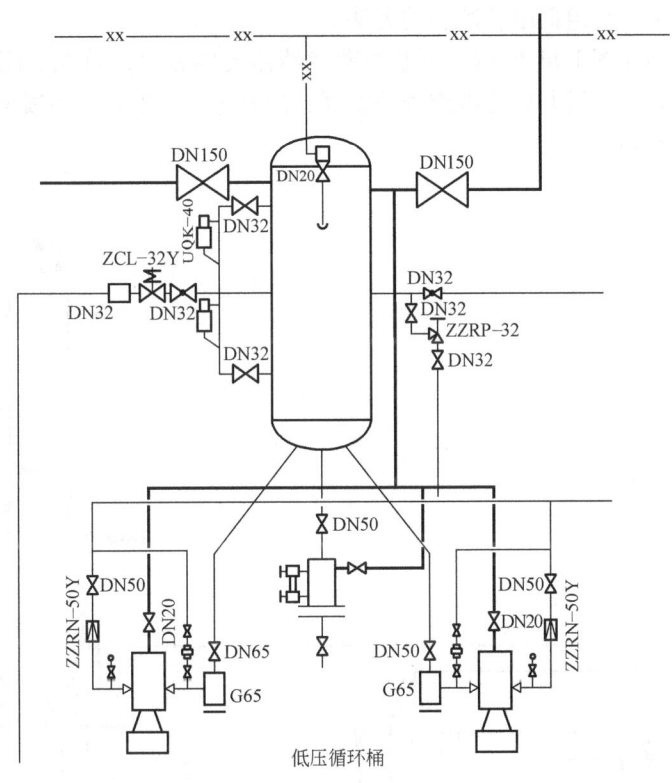

图1-9 低压循环桶的连接

3. 油路

压缩机中需要足够的润滑油，同时需要及时地补充或更换。系统其他设备积存的润滑油也需要通过专用的管道排出系统。

氨制冷系统中需要放油的设备：高压设备-氨油分离器、冷凝器和高压贮液器，中压设备-中间冷却器，低压设备-低压循环桶、氨液分离器、排液桶、低压贮液器和卧式蒸发器等。

在大中型制冷装置中，一般是高、中压设备合用一台集油器放油，低压容器往往另设一台集油器。高、中压放油设备下部的排油管接往高压集油器，低压放油容器的排油管接往低压集油器。小型系统可合设一台集油器。集油器的连接如图1-10所示。

顶部淋水式集油器的抽气管与系统中氨液分离器或低压循环桶的回气管相通。加热盘管式集油器的蒸汽出口接管与冷凝器的进气管相接。

4. 融霜管路

当蒸发器表面温度低于被冷却空气的露点时，空气中的水分就会在蒸发器表面结露或结霜。为了保证蒸发器的换热效果，必须对蒸发器进行定期除霜，冷库系统中常用的除霜方式为热氨融霜。所谓热氨融霜，是指将压缩机排出的高温气体送入蒸发器，用过热气体具有的热量加热蒸发管组而融化冰霜的方法。

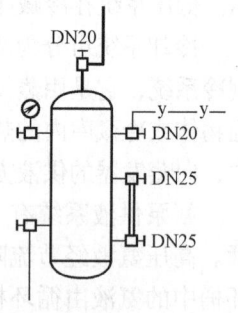

图1-10 集油器的连接

具体的融霜管路如图1-11所示。当某组蒸发器需要融霜时，首先关闭气、液分调节站上的供液阀和回气阀，然后开启排液阀和热氨阀，热氨进入蒸发器，冷凝液由专用排液管经节流阀降压后送入循环桶。

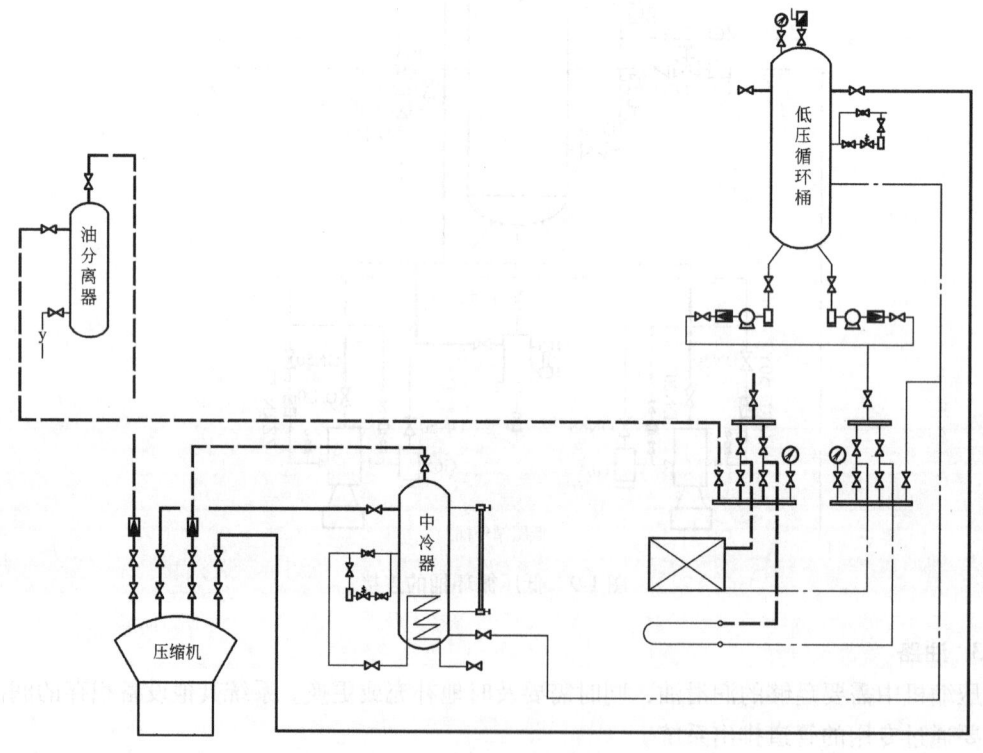

图1-11 热氨融霜原理图

5. 水路

制冷系统中需要供水的设备主要有：冷凝器的冷却水，制冷压缩机的气缸盖和油冷却器的冷却水。水路在制冷系统原理图中不体现，只要了解即可。

(四) 制冷原理

图 1-12 所示为制冷系统制冷剂主循环原理图，从图中可见，低压级制冷压缩机从蒸发器吸入低压氨蒸汽，经第一次压缩排入中间冷却器并被冷却为具有中间压力的饱和蒸汽，然后由高压级压缩机吸入，再次压缩后排入高压管经氨油分离器除去自压缩机中带出的润滑油之后，进入冷凝器。在冷凝器中放出氨气中的热量使高压氨气冷凝为高压氨液，高压氨液借助重力作用流入高压贮液器。从高压贮液器出来的氨液经节流阀和液体分配系统送入蒸发器。制冷剂在蒸发器中吸收被冷却物体的热量而汽化成低压氨蒸汽，送入压缩机。

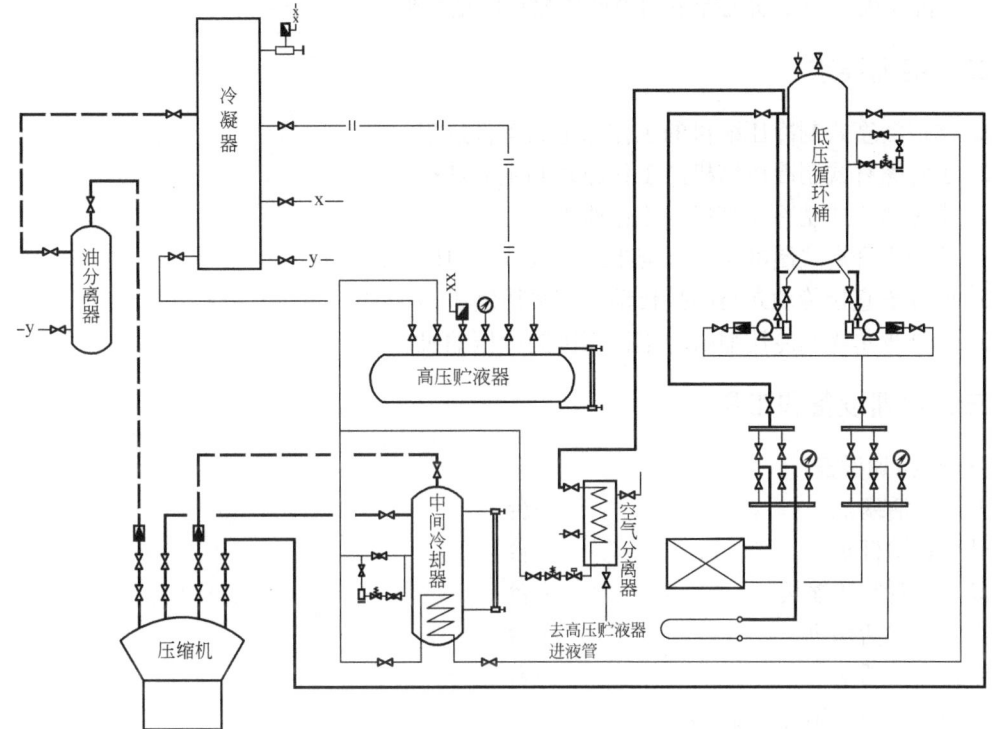

图 1-12　制冷剂主循环原理图

五、注意事项

1）进入制冷机房及设备间一定注意只看不动，因为高压氨的泄漏是非常危险的。
2）进入库房内参观蒸发器时要注意保温。
3）如果有不明白的地方，要及时请教带队教师及工人师傅，争取现场观察、现场消化。在观察的过程中随时记笔记和画草图，将会起到事半功倍的效果。

六、思考与练习

1. 立式壳管式冷凝器中的放气管接头只接一个是否可以？为什么？
2. 氨制冷系统中哪些设备需要放油？
3. 系统中的制冷压缩机为两台或更多，练习绘制其原理图（可只画相应台数的压缩机、一个油分、一个中冷器、一个低压循环桶）。

实训二 认识制冷压缩机

一、实训目的

通过本实训的学习,学生应掌握活塞式、螺杆式、离心式等制冷压缩机的形式。了解开启式、半封闭式和全封闭式压缩机的结构特点。熟悉直接传动式、间接传动式和单级制冷压缩机、单机双级制冷压缩机等不同类型压缩机的结构形式。

二、实训要求

1. 掌握活塞式制冷压缩机的工作原理和工作过程。
2. 了解螺杆式制冷压缩机的工作原理和主要结构。
3. 掌握离心式制冷压缩机的工作原理。
4. 能分辨开启式制冷压缩机与半封闭式或全封闭式压缩机。
5. 能分辨直接传动式与间接传动式制冷压缩机。
6. 能分辨单级制冷压缩机与单机双级制冷压缩机。

三、实训设备和工具

(一) 实训设备

设备	数量
开启式活塞机	一台
开启式螺杆机	一台
离心式制冷压缩机	一台
半封闭式活塞机	一台
全封闭式活塞机	一台
联轴器传动的制冷压缩机组	一台
带轮传动的压缩冷凝机组	一台
开启式单机双级机	一台

(二) 实训工具

钳工工作台、呆扳手、活扳手、螺钉旋具、方木、起重滑车等。

四、实训内容和步骤

(一) 活塞式制冷压缩机

1. 相关理论

活塞式制冷压缩机又称为往复活塞式制冷压缩机,是容积型压缩机的一种。

容积型压缩机是指用机械的方法改变密闭容器的容积,使密闭容器的容积缩小,从而提高其压力的机器。往复活塞式制冷压缩机中造成容积改变的机件为活塞,活塞在机体内做往复运动,故而得名往复式压缩机。

制冷与空调行业中常用的往复活塞式制冷压缩机多是由曲柄连杆机构带动的,其外形如图1-13所示。图1-14所示为曲柄连杆机构带动的活塞机的工作过程。

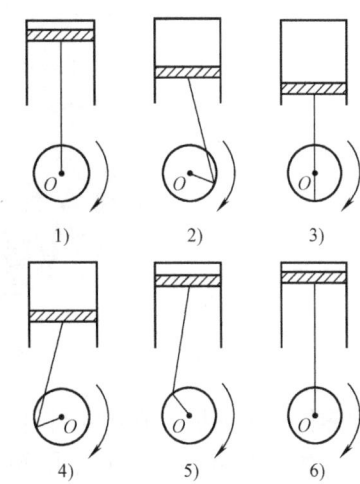

图 1-13　活塞式制冷压缩机外形　　　图 1-14　活塞式制冷压缩机的工作过程

1）活塞在曲柄连杆机构的带动下，自上止点开始向下运动，此时气缸内气体的体积增大，压力减小。

2）当气缸内气体的压力小于吸气腔的压力时，吸气阀片被顶开，气体从吸气腔进入气缸，此过程为吸气过程。

3）活塞到达下止点，吸气阀片在自身重力和弹簧力的作用下关闭，吸气过程结束。

4）活塞在曲柄连杆机构的带动下，自下止点开始向上运动，此时吸、排气阀片均处于关闭状态，气缸内气体的体积减小，压力增大，此过程为压缩过程。

5）活塞继续向上运动，气缸内气体的体积继续减小，压力继续增大，当气缸内气体的压力大于排气腔压力时，排气阀片被顶开，开始排气过程。

6）活塞到达上止点，排气阀片在自身重力和弹簧力的作用下关闭，排气过程结束。

2. 实训步骤

1）在实验室中选择一台开启式活塞机，把气缸盖上螺母拆掉。在卸掉螺母时，两边长螺栓的螺母要最后松开。若发现气缸盖弹不起时，注意螺母松得不要过多，用旋具从贴合处轻轻撬开，再将螺母均匀地卸下。

2）拆下气缸盖，取出安全弹簧，接着取出气阀组和吸气阀片。

3）将气缸盖、安全弹簧和气阀组拆下后，对此台压缩机进行盘轴。

4）观察活塞在气缸内的往复运动和气缸内气体容积的改变，从而理解压缩机的工作过程。

（二）螺杆式制冷压缩机

1. 相关理论

螺杆式制冷压缩机属于回转活塞式制冷压缩机，回转活塞式又称回转式，是指造成可变工作容积变化的机件做旋转运动的容积型制冷压缩机。

螺杆式制冷压缩机有单螺杆式压缩机和双螺杆式压缩机两种，国内制冷行业多采用双螺杆式制冷压缩机，通常简称为螺杆式制冷压缩机，其外形如图 1-15 所示。

图 1-15　螺杆式制冷压缩机

双螺杆式压缩机造成制冷剂蒸汽增压的关键零部件为该制冷压缩机中的一对阴阳螺杆转子,结构如图 1-16 所示。其中阴转子的齿为凹型,阳转子为凸型,两转子同步反向旋转。若将阳转子上的凸齿视为"活塞",阴转子的凹齿槽视为"气缸",则其工作过程类似于活塞式制冷压缩机中活塞与气缸的往复压缩原理。

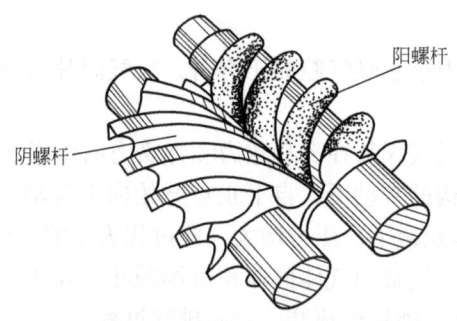

图 1-16　螺杆式压缩机的阴阳螺杆转子

当一对螺杆转子按一定传动比旋转运动时,阴阳转子的齿相继连续地"侵入"而使工作容积发生改变,从而完成对制冷剂蒸汽的吸入、压缩、排气全过程,其连续的具体工作过程如图 1-17 所示。

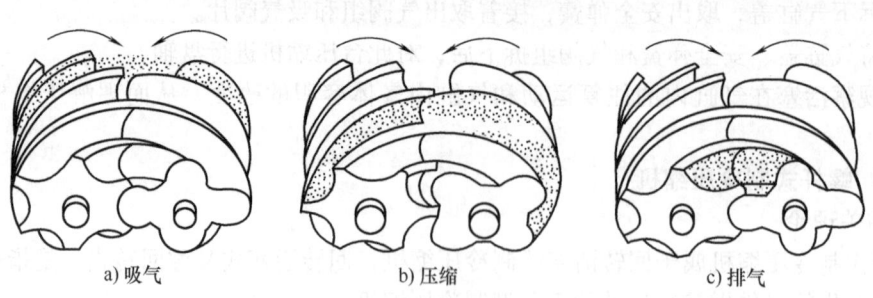

a) 吸气　　　　　　b) 压缩　　　　　　c) 排气

图 1-17　螺杆式压缩机的工作原理图

1）吸气。随着转子开始运动，由于齿的一端逐渐脱离啮合而形成了齿间容积，这个齿间容积逐渐扩大，在其内部形成了一定的真空，而此齿间容积又仅与吸气口连通，因此气体便在压差作用下流入其中，如图1-17所示。在随后的转子旋转过程中，阳转子齿不断从阴转子的齿槽中脱离出来，齿间容积不断扩大，并与吸气孔口保持连通。从某种意义上讲，也可以把这个过程看成是活塞（阳转子齿）在气缸（阴转子齿槽）中滑动。

2）压缩。此时，气体被转子齿和机壳包围在一个封闭的空间中，随着转子的旋转，齿间容积由于转子齿的啮合而不断减小，被密封在齿间容积中的气体所占据的体积也随之减小，导致压力升高，从而实现气体的压缩过程。压缩过程可一直持续到齿间容积即将与排气孔口连通。

3）排气。齿间容积与排气孔口连通后，即开始排气过程。随着齿间容积的不断缩小，具有排气压力的气体逐渐通过排气孔口被排出。这个过程一直持续到齿末端的型线完全啮合，此时，齿间容积内的气体通过排气孔口被完全排出，封闭的齿间容积的体积将变为零。

2. 实训步骤

将预先准备好的阴阳螺杆转子放在利于旋转的支架上，手动盘轴，可看到阳转子的齿周期性地侵入另一阴转子的齿槽，并且其啮合的空间接触线不断地往排气端推移，使得转子的基元容积逐渐缩小，而使制冷剂蒸气的压力提高。

（三）离心式制冷压缩机

1. 相关理论

离心式制冷压缩机属于速度型压缩机，所谓速度型压缩机，是指外界输入的能量使制冷剂气体获得很高的流速，然后将其送入扩压器内，使其动能转变成为压力能，从而增加其压力的机器。

离心式制冷压缩机的基本结构包括吸气室、叶轮、扩压器、弯道与回流器和蜗室等。图1-18所示为离心式制冷压缩机的外形图，从其外形结构中可较清晰地看出一个像蜗壳的结构，这就是离心式制冷压缩机的蜗室，靠此结构可以确定大部分离心式制冷压缩机。

图1-18 离心式制冷压缩机外形

2. 实训步骤

将离心式制冷压缩机的齿轮箱、蜗壳拆下，通过观察叶轮及扩压器的结构了解离心式制冷压缩机的工作过程。

图 1-19 所示为一台单级离心式制冷压缩机的剖面图。蒸发器来的低温低压制冷剂气体沿离心机吸气室的渐缩方向进入叶轮，制冷剂随着叶轮的飞速旋转而获得动能。高速的制冷剂气体从叶轮出来进入扩压器，在扩压器内，气体流通的截面增大，由流体的连续性方程可知，制冷剂气体的流速会降低。又由能量守恒定律可知，能量不会自发地消失，而是从动能转变成为压力能，从而使进入离心机的低温低压气体变成了高温高压气体。

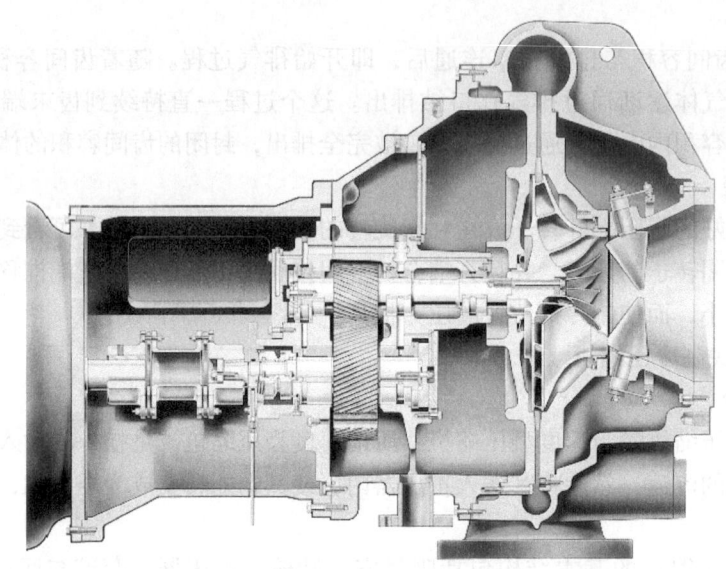

图 1-19 离心机的结构

（四）开启式制冷压缩机与半封闭式或全封闭式压缩机

1. 相关理论

开启式制冷压缩机、半封闭式制冷压缩机和全封闭式制冷压缩机是制冷压缩机按防泄漏方式分类的三种基本压缩机形式。

开启式压缩机的结构如图 1-20 所示，其曲轴功率的输入端伸出机体之外，并通过传动装置与原动机相连。封闭式压缩机的结构如图 1-21 和图 1-22 所示，压缩机和电动机装在同一个机体内并共用一根主轴。可见，有传动轴从机体内伸出的压缩机即为开启式制冷压缩机，而无传动轴伸出，但有输入电源接线柱的为封闭式制冷压缩机。再将这两台压缩机进行拆卸，内部有内置电动机为封闭式制冷压缩机。

封闭式制冷压缩机有两种结构形式，图 1-21 和图 1-23 所示为半封闭式制冷压缩机，图 1-22 和图 1-24 所示为全封闭式制冷压缩机。

半封闭式和全封闭式制冷压缩机的主要区别为：半封闭式制冷压缩机的密封面以法兰连接，压缩机内部零部件易于拆卸修理更换。全封闭式制冷压缩机的机壳由两部分焊接而成，露在机壳外表的只焊有一些吸排气管、工艺管以及其他必要的管道、输入电源接线柱和压缩机支架等，理论上全封闭式制冷压缩机不可拆卸维修。

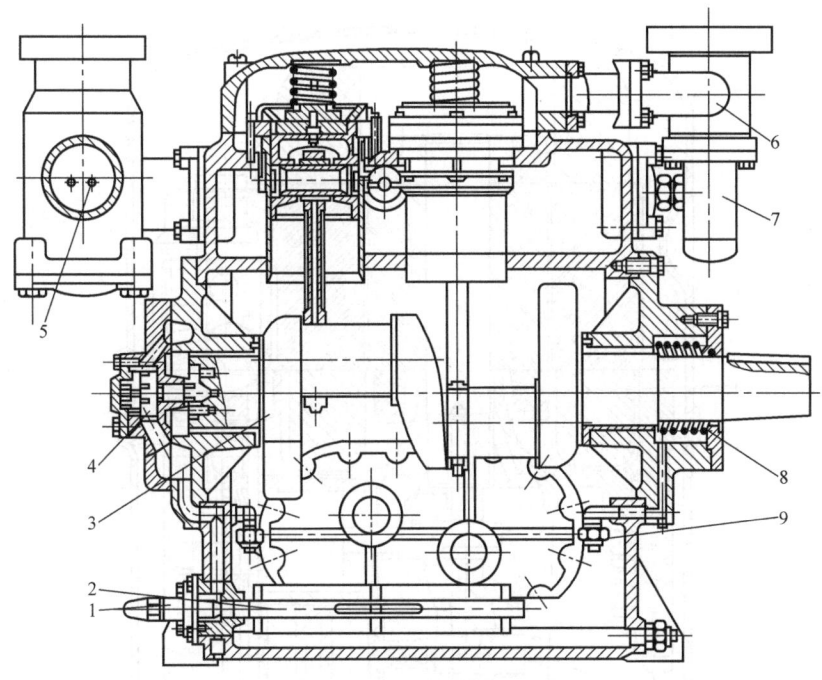

图1-20 开启式制冷压缩机结构

1—油三通阀 2—粗过滤器 3—曲轴 4—油泵 5—吸气过滤网 6—排气管 7—安全阀 8—轴封 9—油管

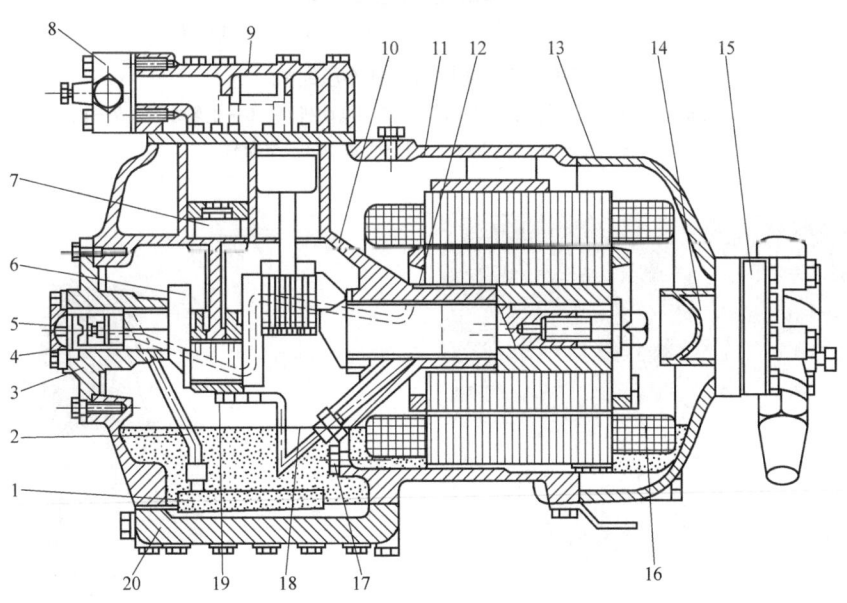

图1-21 半封闭式制冷压缩机结构

1—油过滤器 2—吸油管 3—轴承盖 4—油泵轴承 5—油泵 6—曲轴 7—活塞连杆组 8—排气截止阀 9—气缸盖 10—曲轴箱 11—电动机室 12—主轴承 13—电动机室端盖 14—吸气过滤器 15—吸气截止阀 16—内置电动机 17—油孔 18—油面 19—油压调节阀 20—底盖

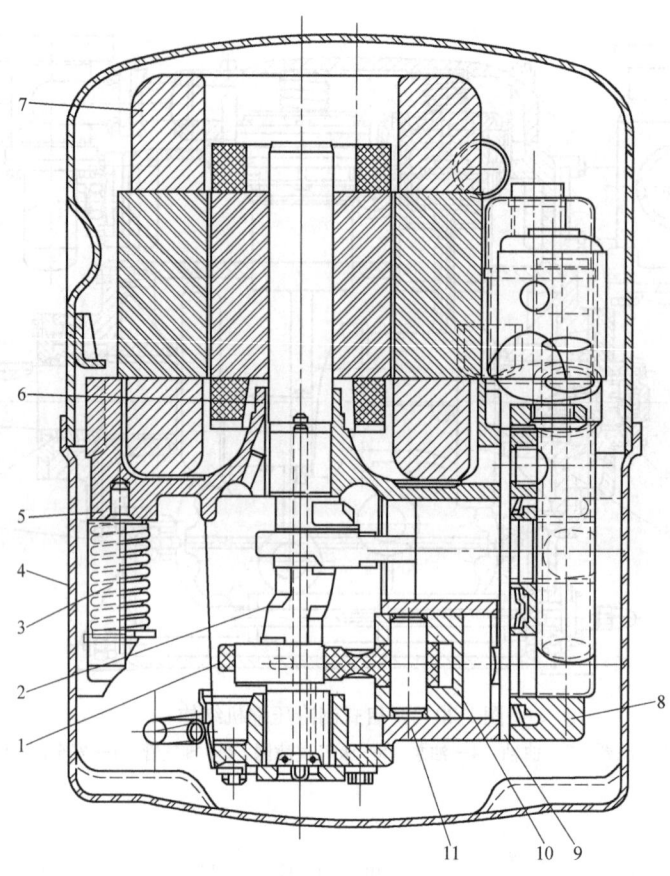

图 1-22 全封闭式制冷压缩机

1—连杆 2—偏心轴 3—内部支承弹簧 4—机壳 5—电动机座 6—上轴承座 7—内置电动机
8—气缸盖 9—阀板 10—活塞 11—气缸体

图 1-23 半封闭式制冷压缩机外形

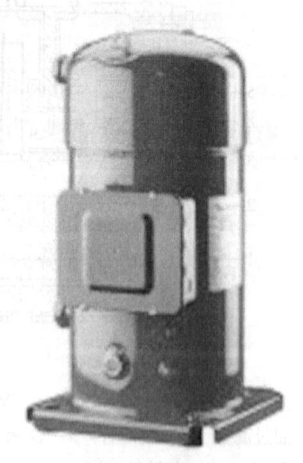

图 1-24 全封闭式制冷压缩机外形

2. 实训步骤

在实验室中选定多台开启式制冷压缩机、半封闭式制冷压缩机和全封闭式制冷压缩机，放在一起进行对比。

有传动轴从机体内伸出的压缩机即为开启式制冷压缩机，而无传动轴伸出，但有输入电源接线柱的为封闭式制冷压缩机。

再将封闭式压缩机进行对比，机体密封处有螺栓连接的即为半封闭式制冷压缩机，而在机体上找不到螺栓连接，而只有焊口的为全封闭式制冷压缩机。

（五）直接传动式与间接传动式制冷压缩机

1. 相关理论

开启式制冷压缩机的主轴需要从电动机获得能量，因而应将压缩机的主轴与电动机的主轴连接在一起，使电动机带动压缩机的主轴转动。按此传动方式的不同，压缩机可分为直接传动式与间接传动式。

直接传动式制冷压缩机如图 1-25 所示，是原动机与压缩机用联轴器直接连接的传动形式。电动机轴上装半只联轴器，压缩机轴上装另半只联轴器，中间靠橡胶弹性圈或中间接筒连接。

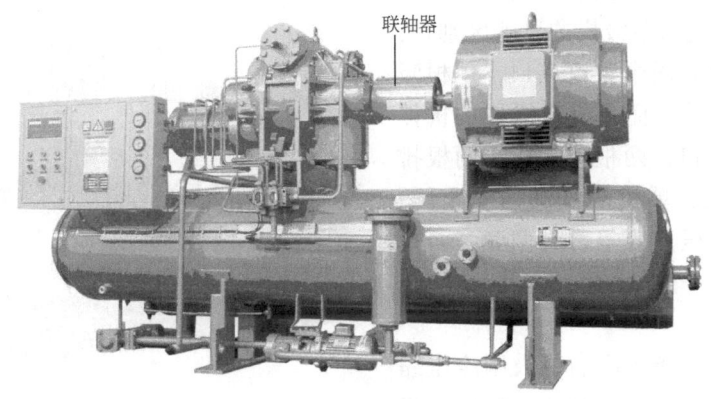

图 1-25　直接传动式制冷压缩机

间接传动原理如图 1-26 所示，是原动机靠传动带来带动压缩机的主轴旋转的。电动机轴上装一个带轮，压缩机轴上装一个带轮，中间靠 V 带连接。

图 1-26　制冷压缩机的间接传动方式

2. 实训步骤

在实验室中选择多台机组，并对其压缩机与电动机相连接的部位进行鉴别。

如果压缩机和电动机是平行放置，并且在压缩机的主轴伸出部位和电动机的主轴伸出部位均有带轮相连接，这种压缩机即为间接传动式制冷压缩机。

如果压缩机的主轴和电动机的主轴是相对放置，并且靠传动块连接在一起的，这种压缩机即为直接传动式制冷压缩机。

（六）单级制冷压缩机与单机双级制冷压缩机

1. 相关理论

制冷压缩机按压缩级数可分为单级制冷压缩机和双级制冷压缩机，双级制冷压缩机又分为单机双级机和双机双级机。单级制冷压缩机是制冷剂从蒸发器到冷凝器只经过一次压缩的系统中所使用的压缩机，而双级制冷压缩机是制冷剂从蒸发器到冷凝器经过两次压缩的系统中所使用的压缩机。

双机双级式制冷压缩机的结构与单级制冷压缩机相同。单机双级机式制冷压缩机的结构如图 1-27 所示，图 1-20 所示为其所对应的单级制冷压缩机的结构。从外形上看，单机双级机与单级机的显著区别是：单级机的机体只有两个管道接口，一根吸气管、一根排气管。而单机双级机的机体上有四个管道接口，两根吸气管、两根排气管。还可看到，单机双级机的安全阀、吸排气温度计、压力表等都为两套，而单级制冷压缩机为一套。

2. 实训步骤

在实验室中选择相应的单级制冷压缩机与单机双级机，并进行对比。机体上只有两根输气管接口的为单级制冷压缩机。机体上有四根输气管接口的为单机双级机。

图 1-27 单机双级式制冷压缩机

五、注意事项

1）因为本实训中学生尚无拆卸经验，建议课前由实验教师将需要观察的制冷压缩机拆卸，做好实训准备。

2）本实训以观察理解为主。

六、思考与练习

1. 如何鉴别一台压缩机是否为离心式制冷压缩机？
2. 如何鉴别一台压缩机是否为单机制冷压缩机？

第二章 基本技能训练

实训三 常用钳工工具的使用

一、实训目的

钳工是使用手工工具,按技术要求对工件进行加工、修正、装配、调试和检修机器设备的工种。利用钳工技术可以对制冷压缩机和制冷设备进行零件加工、装配和维护管理,延长制冷设备的使用寿命。

通过本实训的学习,学生应熟悉制冷和空调系统常用的几种钳工工具和钳加工工具的使用方法,实现对零部件加工、装配、维修质量的控制。

二、实训设备和工具

1. 实训设备

开启式活塞机	一台
125 系列活塞组	一套
125 系列气阀组	一套
125 系列气缸套	一个

2. 钳工工具

活扳手、呆扳手、套筒扳手、梅花扳手、尖嘴钳、橡皮锤等。

三、相关理论、技能

(一)扳手类工具

扳手是机械装配和拆卸过程中的常用工具,一般用碳素结构钢或合金钢制成。常见的扳手类工具有活扳手、呆扳手、套筒扳手、内六角扳手和整体扳手等。

1. 活扳手

活扳手通常用于旋紧或拧松六角螺钉及螺母。活扳手的结构如图 2-1 所示,包括手柄、头部固定钳口、头部活动钳口和调节蜗杆四部分。

使用活扳手前,先用右手握住扳手头部,大拇指和食指上下夹持捻动蜗杆,调整活动钳口的大小,使钳口尺寸和要旋动的螺母尺寸相吻合。再把调好的钳口夹持住螺母,握紧扳手柄,用力顺时针方向

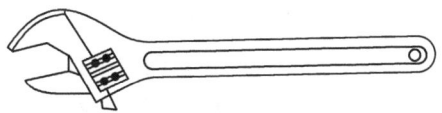

图 2-1 活扳手

拧紧螺母，逆时针方向则是旋松螺母。

2. 呆扳手

呆扳手的结构如图 2-2 所示，此类扳手的末端有 U 形开口，方便夹紧螺栓或螺母的两个边。它有单头和双头两种，较常用的是双头，每头的开口大小不同。

呆扳手主要用于拆装一般标准规格的螺栓或螺母。在使用前，先得看螺栓或螺母的尺寸，依据其尺寸确定符合规格的扳手，然后将开口卡在欲紧固或松动的螺栓及螺母上，握紧扳手柄，用力扳旋螺栓或螺母即可。

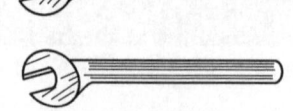

图 2-2　呆扳手

常用的呆扳手有 6 件一套或 8 件一套，其适用的范围在 6～24mm 之间。

3. 套筒扳手

套筒扳手是一种组合型工具，由梅花套筒和弓形手柄构成，尺寸不等的梅花套筒组成一套套筒扳手，其结构如图 2-3 所示。

套筒扳手在使用时可根据需要，选用不同规格的套筒和各种手柄进行组合。套筒扳手在拆装部位空间狭小、凹下很深或不易接近等部位的螺栓、螺母时更为方便、实用。

4. 内六角扳手

内六角扳手如图 2-4 所示，一般专用于装拆内六角螺钉。

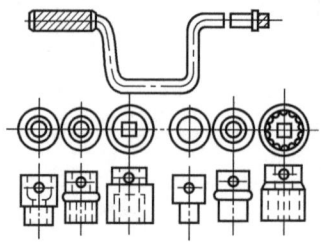

图 2-3　套筒扳手

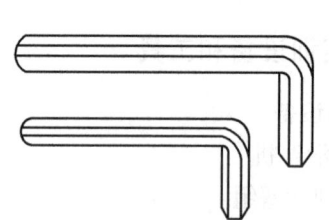

图 2-4　内六角扳手

5. 整体扳手

整体扳手有正方形、六角形、十二角形等几种，如图 2-5 所示。

十二角形扳手又称为梅花扳手，是应用广泛的一种整体扳手，梅花扳手两端是套筒式圆环状的，圆环内一般有 12 个棱角，能将螺母或螺栓的六角部分全部围住，工作时不易滑脱，安全可靠。其使用方法与呆扳手相似，常用于拆装部位受到限制的螺母、螺栓。

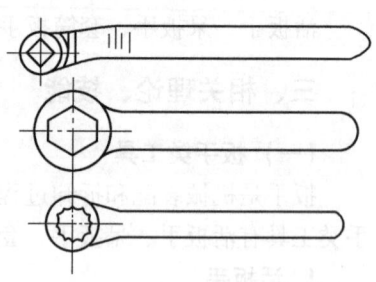

图 2-5　整体扳手

梅花扳手常用的有 6 件一套或 8 件一套，其适用范围在 5.5～27mm 之间。

（二）钳子类工具

钳子是一种用来紧固的工具，有些钳子还具有切断功能。钳子的种类很多，但是它们都有一个用于夹紧材料的部分，称之为"钳口"。制冷系统常用的钳子有尖嘴钳、钢丝钳和管钳三种。

1. 尖嘴钳

尖嘴钳也称为修口钳,如图 2-6 所示。尖嘴钳主要适用于在狭小的空间内作业。

使用钳子时用右手操作。将钳口朝内侧,便于控制钳切部位,用食指伸在两钳柄中间来抵住钳柄,张开钳头,这样分开钳柄灵活,如图 2-7 所示。

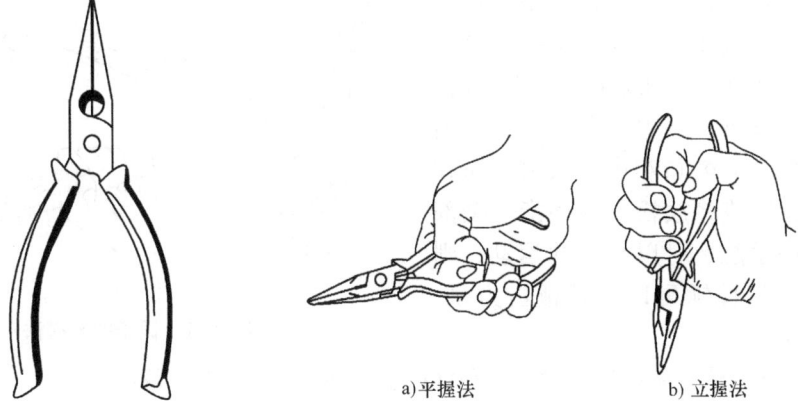

a) 平握法　　b) 立握法

图 2-6　尖嘴钳　　　图 2-7　尖嘴钳的握法

2. 钢丝钳

钢丝钳的结构如图 2-8 所示。结构分为钳头和钳柄两部分,钳头包括钳口、齿口、刀口和铡口,钳柄上套有绝缘管。常用的钢丝钳有 150mm、175mm、200mm 及 250mm 等多种规格。可根据内线或外线工种需要选择和使用。

钢丝钳除装配和拆卸外,还有许多功能,如钳子的齿口可用来紧固或拧松螺母,钳子的刀口可用来剖切软电线的橡皮或塑料绝缘层,钳子的刀口也可用来切剪电线、铁丝。钳子的铡口可以用来切断电线、钢丝等较硬的金属线。

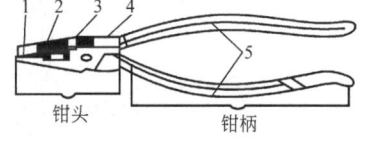

图 2-8　钢丝钳

1—钳口　2—齿口　3—刀口
4—铡口　5—绝缘管

3. 管钳

管钳是用来夹持或旋转管子及配件的工具,如图 2-9 所示。钳口上有齿,以便上紧螺母时咬牢管子,防止打滑。

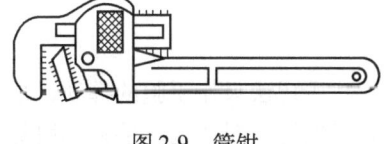

图 2-9　管钳

(三) 锤子的使用

锤子是校直、錾削和装卸零件等操作中必不可少的敲击工具。锤子由锤头和木柄两部分组成,如图 2-10 所示。

锤子一般分为硬头锤子和软头锤子两种,软头锤子的锤头由铅、铜、硬木、牛皮或橡胶制制成,多用于装配工作中。硬头锤子的锤头用碳钢制成。硬头锤子的规格用锤头的重量表示,有 0.25kg、0.5kg 和 1kg 等几种。锤头的木柄选用比较坚固的木材制成,常用的 1kg 锤头的柄长为 350mm 左右。锤头安装木柄的孔呈椭圆形,且两端大,中间小。木柄紧装在孔中后,端部应再

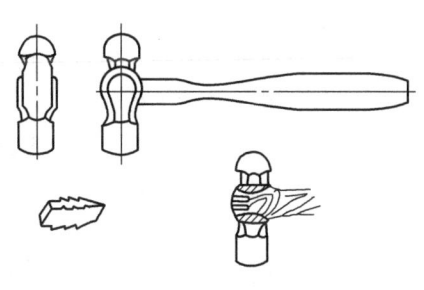

图 2-10　锤子

打入金属楔子,以防松脱。

锤子使用时,一般为右手握锤,采用五个手指满握的方法,大拇指轻轻压在食指上,虎口对准锤头方向,锤柄尾露出约 15~30mm。

锤子在敲击过程中,手指的常用握法有紧握锤和松握锤两种。紧握锤是指从挥锤到击锤的全过程中,全部手指一直紧握锤柄,如图 2-11 所示。如果在挥锤开始时,全部手指紧握锤柄,随着锤的上举,逐渐依次地将小指、无名指和中指放松,而在锤击的瞬间,迅速将放松了的手指又全部握紧,并加快手腕、肘以至臂的运动,则称为松握锤。松握锤可以加强锤击力量,而且不易疲劳。

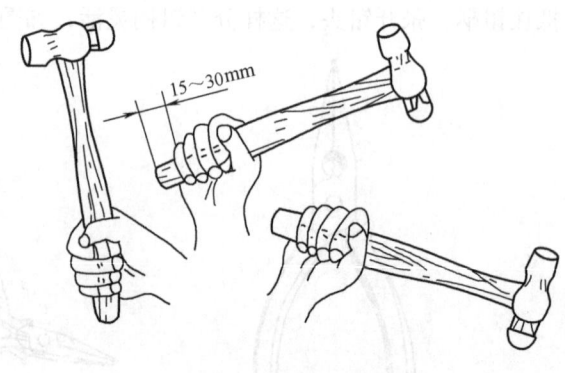

图 2-11 锤子的紧握法

锤子的挥锤方法有手挥法、肘挥法和臂挥法三种,如图 2-12 所示。

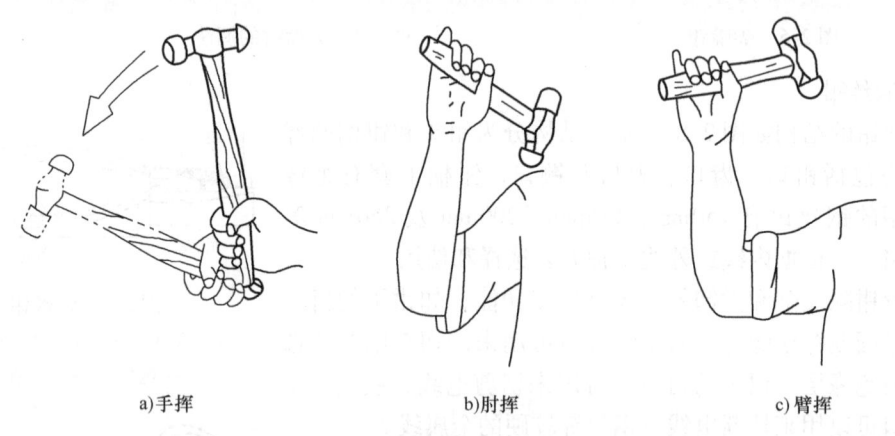

a) 手挥　　　　b) 肘挥　　　　c) 臂挥

图 2-12 锤子的挥锤方法

手挥法只作手腕的挥动,采用紧握法握锤,敲击力较小,多用于錾削余量较少及錾削开始或结尾。肘挥法指手腕和肘部一起挥动,采用松握法握锤,敲击力较大,应用较广。而臂挥法指手腕、肘部和全臂一起挥动,其锤击力最大。

制冷与空调系统中大多采用的是手挥法。

(四) 钳工台和台虎钳的使用

1. 钳工台

钳工台也称为钳台、钳桌,其主要作用是用来安装台虎钳、放置工具和工件等。

钳工台通常是用木料或钢料制成,其式样可以根据要求和条件而定,一般形状为长方形,如图 2-13 所示。钳桌长、宽尺寸由工作需要而决定,高度则为 800~900mm,以便安装上台虎钳后,让钳口的高度与一般操作者的手肘平齐,使操作方便省力。

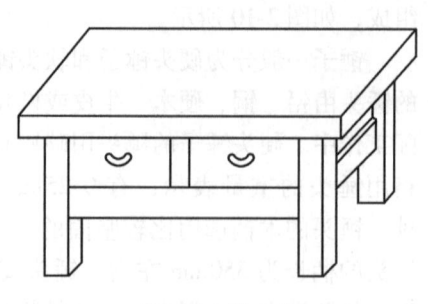

图 2-13 钳工台

2. 台虎钳

台虎钳是用来夹持工件的通用夹具，如图 2-14 所示，分为固定式和回转式两种。图 2-14a 所示为固定式台虎钳外形图，图 2-14b 所示为回转式台虎钳外形图。

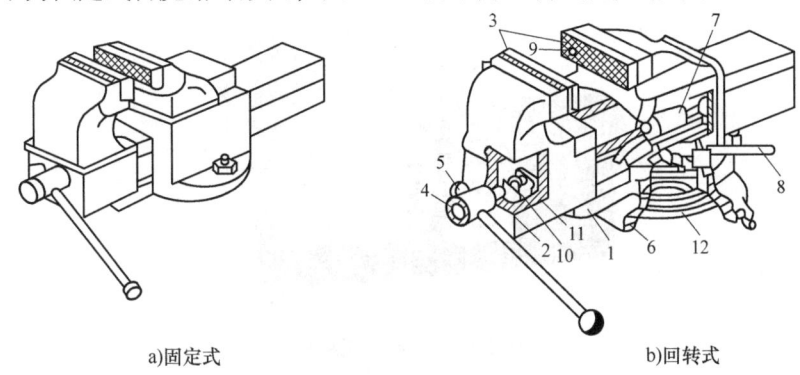

a) 固定式　　　　　　　　　b) 回转式

图 2-14　台虎钳

1—固定钳身　2—活动钳身　3—钳口　4—螺杆　5—手柄　6—转盘座　7—螺母
8—手柄　9—螺钉　10—弹簧　11—挡圈　12—夹紧盘

回转式台虎钳的主体部分用铸铁制造，由固定钳身1和活动钳身2组成。活动钳身通过方形导轨与固定钳身的方孔导轨配合，可作前后滑动。丝杠装在活动钳身上，可以旋转，但不能轴向移动，它与安装在固定钳身内的螺母7配合。摇动手柄8是丝杠旋转，可带动活动钳身相对固定钳身作进退移动，起夹紧或放松工件的作用。弹簧10靠挡圈11和销固定在丝杠上，当放松丝杠时，能使活动钳身在弹簧力的作用下及时退出。在固定钳身上装有钢质钳口3，并用螺钉9固定，钳口的工作表面刨有交叉的网纹，使工件夹紧后不易产生滑动。固定钳身装在转座上，并能绕座轴心转动，当转到所需位置时扳动手柄5，使夹紧螺钉旋紧，便可在夹紧盘12的作用下把固定钳身紧固。转座通过三个螺栓与钳工台固定。

（五）吊环的使用

吊环又称吊栓，其下部具有螺纹，上部做成圆环形结构。是活塞式和螺旋式制冷压缩机中部分结构拆卸和装配的专用工具。活塞式制冷压缩机拆装气缸套和活塞组时常用吊环，其使用如图 2-15 所示。将吊环拧入气缸套顶部两个对称的螺纹孔内，即可提起气缸套进行拆卸或装配。

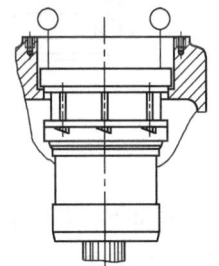

图 2-15　吊环的使用

四、实训步骤

（一）用扳手拆卸压缩机气缸盖上的螺栓

图 2-16 所示为一台开启式活塞机的外形图，从其外形图中可看出，在压缩机的气缸盖和侧盖上有很多紧固螺栓。

分别选用相应规格的活扳手、呆扳手、套筒扳手和梅花扳手对螺栓进行旋松和旋紧练习。

（二）用钳子拆卸活塞组上的弹簧挡圈

图 2-17 所示为筒形活塞组的结构。在筒形活塞组中，弹簧挡圈5的拆卸和装配是借助尖嘴钳完成的。

图 2-16 开启式压缩机

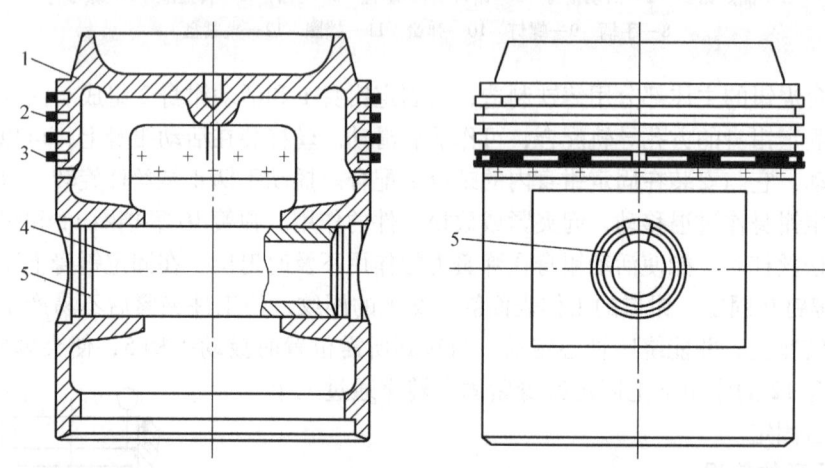

图 2-17 筒形活塞组
1—活塞 2—气环 3—油环 4—活塞销 5—弹簧挡圈

用尖嘴钳夹住弹簧挡圈的尖口部位，用力向内捏紧，即可将弹簧挡圈拆下。

（三）用橡皮锤或木锤敲击未放到位的气阀组

制冷压缩机在装配的过程中，会出现一些零部件因用力不当而造成不能一次到位，且被卡住的现象。对于这种现象，常用的措施是用先用软锤敲击，使其复位，然后再进行拆卸或装配。

实训方式可采用：人为地将气阀组放歪，手挥橡皮锤或木锤，使其复位，重点练习橡皮锤或木锤的手挥法。

（四）用吊环拆卸气缸套

气缸套的结构如图 2-18 所示，在其顶部有 30 个用于吸气的小圆孔，其中有两个成对角线布置的圆孔比较大，且具有螺纹，这两个小孔即为气缸套拆卸和装配时使用的。

将吊环旋入两个装配孔中，用力将气缸套沿气缸轴线方向提起，进行气缸套的拆卸练习。

第二章 基本技能训练

图 2-18 气缸套的装配孔

五、注意事项

1）钳工工具都有规格，在使用中应先根据要求确定所用工具型号。

2）扳手类工具利用的是杠杆原理，因此使用时，手越靠后，扳动起来越省力。

3）一般情况下，钳子的强度有限，不能够用它操作一般手的力量所达不到的工作。特别是型号较小的或者普通尖嘴钳，用它弯折强度大的棒料板材时可能将钳口损坏。

4）钳柄只能用手握，不能用其他方法加力（如用锤子打、用台虎钳夹等）。

5）要根据各种不同加工的需要选择使用锤子，使用中要注意时常检查锤头是否有松脱现象。

6）台虎钳安装在钳工台上时，必须使固定钳身的钳口处于钳工台边缘以外，以保证能夹持较长的工件。

六、思考与练习

1. 常用扳手有哪些？分别怎样使用？
2. 为使气阀组复位，橡皮锤应使用哪种挥锤方法？

实训四　常用测量工具的使用

一、实训目的

制冷压缩机与设备零部件的加工、装配和检修与测量分不开。通过本实训的学习，学生应熟悉与制冷和空调设备相关的几种测量工具的使用方法，从而进一步实现对加工、装配、维修质量的控制。

二、实训设备和工具

1. 实训设备
依具体实训条件而定。

2. 实训工具
钢直尺、塞尺、游标卡尺、外径千分尺、内径百分表。

三、相关理论、技能

（一）钢直尺

钢直尺是用不锈钢制成的一种直尺。钢直尺是常用量具中最基本的一种，可用于简单的测量或划直线的导向工具。

钢直尺的尺边平直，尺面有米制或寸制的刻度，用来测量工件的长度、宽度、高度和深度，同时还可以对一些要求较低的工件表面进行平面度误差检查。

钢直尺的规格（测量范围）有150mm、300mm、500mm和1000mm四种。

钢直尺的使用方法如图2-19所示。由于用钢直尺测量出的数值误差较大，精确度只有1mm，因此不能作精密测量。

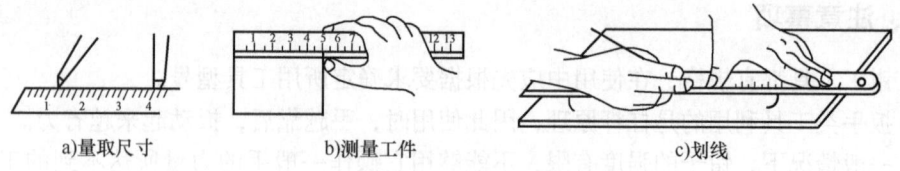

a) 量取尺寸　　b) 测量工件　　c) 划线

图2-19　钢直尺的使用

（二）塞尺

塞尺又称厚薄规或测隙规，是用来检测两结合面之间间隙的一种精密量具。塞尺一般是成组供应，每组塞尺是由不同厚度的金属薄片组成，每个薄片都有两个相互平行的测量面，并有较准确厚度值。成组塞尺的外形如图2-20所示。

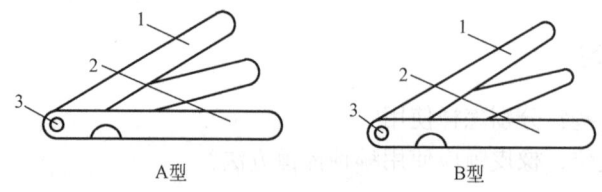

A型　　B型

图2-20　塞尺的结构
1—塞尺片　2—保护板　3—连接钉

塞尺的测量准确度一般约为0.01mm。用塞尺测量间隙时，应先用较薄的塞尺片插入被测间隙，如还有空隙，则依次换用稍厚的塞尺片插入，直到恰好塞入间隙后不过松也不过紧为止，这时该片塞尺的厚度即为被测间隙的大小。对于比较大的间隙，也可用多片塞尺重合一并塞入进行检测，但这样测量误差较大。

塞尺薄而且易断，使用时应特别小心。插入间隙时不要太紧，更不得用力硬塞。使用后应在表面涂以一薄层的防锈油，并收回到保护板内。

（三）游标卡尺

游标卡尺是一种中等精度的常用量具，主要用来测量工件的外径、内径、孔距、壁厚、沟槽及深度。钳工常用的游标卡尺测量范围有0~125mm、0~200mm、0~300mm等几种。

1. 游标卡尺的结构

游标卡尺有可微量调节的游标卡尺和带深度尺的游标卡尺两种结构形式。

可微量调节的游标卡尺的结构如图 2-21a 所示,主要由尺身和游标组成,再配以辅助游标。使用时,松开 4 和 5 即可推动游标在尺身上移动。测量工件需要微量调节时,将螺钉 5 紧固,松开螺钉 4,转动微调 6,通过小螺杆 7 使游标微动。当量爪测量面与工件被测表面贴合时,可拧紧螺钉 4,使游标位置固定,然后读数。

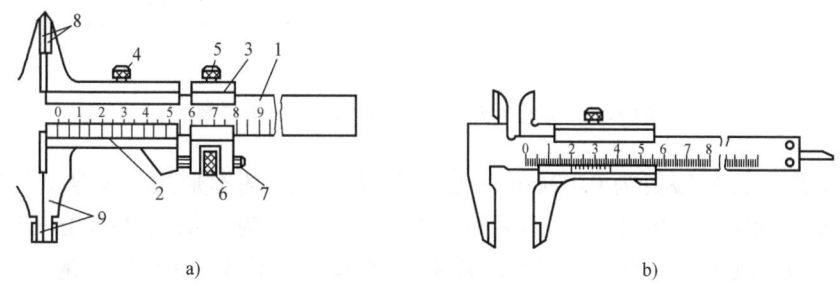

图 2-21 游标卡尺

1—尺身 2—游标 3—辅助游标 4、5—螺钉 6—转动微调 7—小螺杆 8—上量爪 9—下量爪

游标卡尺的上量爪可用来测量齿轮公称法线长度和孔距,下量爪的内侧面可测量外径和长度,外侧面可用来测量内孔或沟槽深度。

图 2-21b 所示为带深度尺的游标卡尺,尺后端的深度尺可用来测量内孔或沟槽的深度。活塞式制冷压缩机的吸气阀片的升程即可用其深度尺测量。

2. 游标卡尺的读数

游标卡尺的分度值有 0.1mm,0.05mm 和 0.02mm 三种。游标卡尺是利用尺身(主尺)和游标上的刻线间距差及其累积值来细分读数的,游标可沿齿身滑动。图 2-22a 为分度值为 0.1mm 的游标卡尺刻线的基本形式:尺身刻线间距 a 为 1mm,游标刻线间距 b 为 0.9mm,共 10 格,分度值 $i = a - b = 0.1$mm。当尺身与游标的刻线对准零位时,游标上位置 10 的刻线(最右刻线)与尺身上位置 9 的刻线也正好对齐,如图 2-22a 所示,其余的刻线均不对齐。

图 2-22b 所示为游标刻线 6 与尺身刻线对齐,即表示游标零位相对固定的尺身零位移动了 0.6mm,这就是毫米小数部分的读数原理。图 2-22c 所示的游标零位在尺身的第二格之后,即主尺读为 2mm。然后再看游标上的每三根线与尺身刻线对齐,又因为此游标卡尺的分度值为 0.1mm,则游标读数为 3×0.1mm。两数之和即为所测数值 2.3mm。

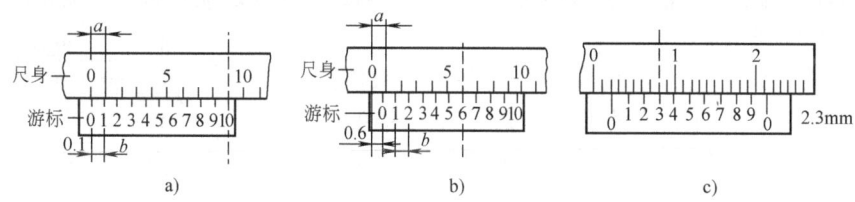

图 2-22 分度值为 0.1mm 的游标卡尺刻线图

图 2-23a 所示为分度值为 0.05mm 的游标卡尺刻线的基本形式:尺身刻线间距 a 为 1mm,游标刻线间距 b 为 0.95mm,游标刻线共 20 格,总长为 19mm。当尺身与游标的刻线对准零位时,游标上最右刻线与尺身上位置 19 的刻线正好对齐。读数时,毫米的小数部分

由游标上与尺身刻线下好对齐那条刻线的顺序数（即第 n 格刻线）乘以 0.05mm 计值。图 2-23b 所示的数值为 8.60mm。

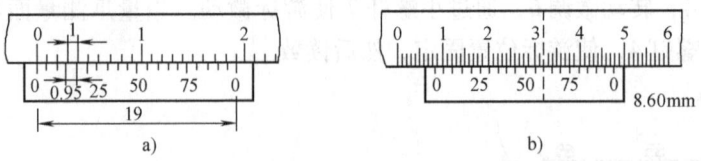

图 2-23　分度值为 0.05mm 的游标卡尺刻线图

图 2-24a 所示为分度值为 0.02mm 的游标卡尺刻线的基本形式：尺身刻线间距 a 为 1mm，游标刻线间距 b 为 0.98mm，游标刻线共 50 格，总长为 49mm。当尺身与游标的刻线对准零位时，游标上最右刻线与尺身上位置 49 的刻线正好对齐。读数时，毫米的小数部分由游标上与尺身刻线下好对齐那条刻线的顺序数（即第 n 格刻线）乘以 0.02mm 计值。图 2-24b 所示的数值为 64.18mm。

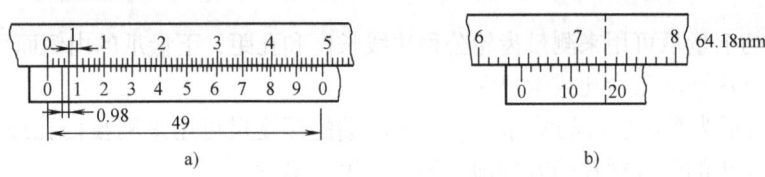

图 2-24　分度值为 0.02mm 的游标卡尺刻线图

3. 游标卡尺使用时的注意事项

游标卡尺使用不当，不但会影响其本身精度，同时也会影响零件尺寸测量精度的准确性。因此在使用时应注意以下几点：

1）按工件的尺寸大小和尺寸精度要求，选用合适的游标卡尺。游标卡尺适用于公差等级为 IT10～IT16 尺寸的测量和检验，不能用游标卡尺测量毛坯件，也不能用游标卡尺测量精度要求过高的工件。

2）使用前对游标卡尺要进行检查，擦净量爪，检查量爪测量面和测量刃口是否平直无损，要求两量爪贴合时无漏光现象，尺身和游标零线要对齐。

3）测量外径时，量爪应张开到略大于被测尺寸而自由进入工件，以固定量爪贴住工件，然后用轻微的压力把活动量爪推向工件，尺寸测量面的连线应垂直于被测量表面，不能歪斜，如图 2-25 所示。

4）测量内径尺寸时，量爪应张开到略小于被测尺寸，使量爪自由进入孔内，再慢慢张开并轻轻地接触零件的内表面。量爪应在孔的直径上，不能偏歪，如图 2-26 所示。

5）读数时，游标卡尺置于水平位置，使人的视线尽可能与游标卡尺的刻线表面垂直，以免因视线歪斜而造成读数误差。

6）游标卡尺使用完后，应平放入木盒内。如较长时间不使用，应用汽油擦洗干净，并涂一层薄的防锈油。卡尺不能放在磁场附近，以免磁化影响正常使用。

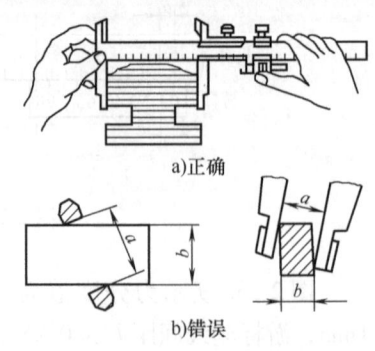

图 2-25　测量外尺寸图

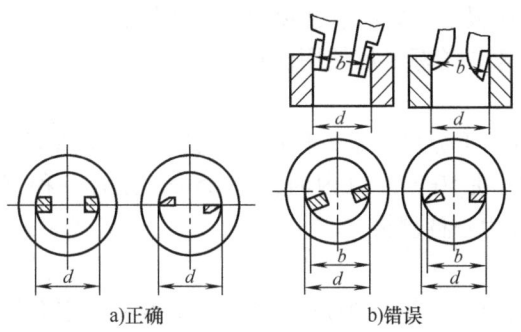

a)正确 b)错误

图 2-26 测量内尺寸

（四）深度游标卡尺

深度游标卡尺是用以测量阶梯形表面、不通孔和凹槽等的深度及孔口、凸缘等的厚度。本实训中的深度游标卡尺用于测量吸气阀的升程。深度游标卡尺的外形结构如图 2-27 和图 2-28 所示。当尺框和尺身的测量面都处于同一平面上（如平板上）时，游标的读数应为零。图 2-27 和图 2-28 所示游标卡尺结构的不同之处在于尺身带有弯头，可用来测量工件孔口或凸缘等的厚度，另外还带有微动装置（一般深度游标卡尺多不带微动装置，因为使用时主要靠手感接触）。

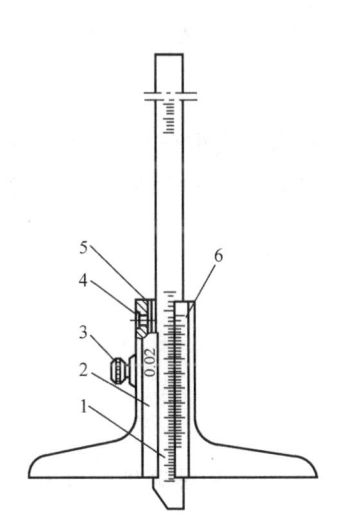

图 2-27 深度游标卡尺
1—尺身（主尺） 2—尺框 3—紧固螺钉
4—调整螺钉 5—弹簧片 6—游标

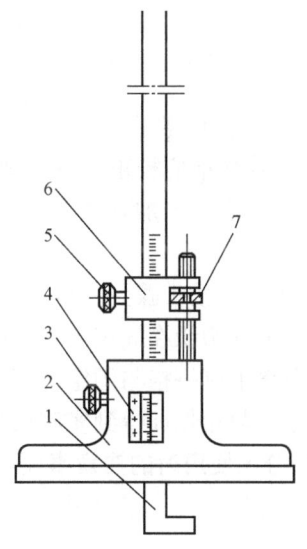

图 2-28 弯头主尺的游标卡尺
1—尺身（弯头主尺） 2—尺框 3、5—紧固螺钉
4—游标 6—微动装置 7—微动螺母

使用深度游标卡尺时应注意：

1）测量时先将尺身上拉，让尺框的测量面与工作被测深度的顶面（测量基准面）贴合好之后，再将尺身下推，直到尺身测量面与被测深度部位手感接触（如用微动装置，注意不要过量接触，以致使尺框的测量面脱离正常贴合），此时即可读数。也可用紧固螺钉固定尺框，取出深度尺再进行读数。

2) 尺身下方的测量面很小,要注意避免磨损及碰伤。

3) 其他注意事项参考"游标卡尺使用注意事项"。

(五) 外径千分尺

外径千分尺有时简称为千分尺,是一种精密量具,主要用来测量一些加工精度要求较高的量具尺寸。当测量范围在 500mm 以内时,每 25mm 分为一种规格;测量范围在 500~1000mm 时,每 100mm 分为一种规格。

1. 外径千分尺的结构

外径千分尺的典型结构如图 2-29 所示。固定测砧 1 和固定套管 5 压合在尺架上相应的孔内。测微螺杆 2 的左端为可动测砧,两测砧都镶有硬质合金头,测微螺杆右方的螺母部分与固定套管 5 右端的螺母配合,组成精密螺旋副。

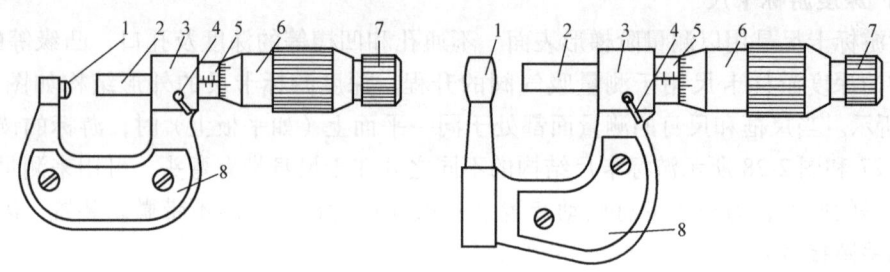

图 2-29 外径千分尺

1—测砧　2—测微螺杆　3—尺架　4—锁紧装置　5—固定套管　6—微分筒　7—测力装置　8—隔热板

2. 外径千分尺的读数

外径千分尺使用前应校正零位(即活动管上的零线与基本母线重合)。若不对正,应记住相差格数,测量后适当加减误差。测量时用后边的测力装置(棘轮)旋转,当发生"吱吱"响声时即可读数。

外径千分尺的读数步骤分三步:

1) 读出微分筒边缘在固定套管上的尺寸。

2) 看微分筒上哪一格与固定套管上的基准线对齐。

3) 把两个读数相加即得到实测尺寸。

3. 外径千分尺使用时的注意事项

1) 使用千分尺时,一定要用手握住隔热板,否则将使千分尺和被测件温度不一致而产生测量误差。

2) 当千分尺的测力装置发出"吱吱"的响声时,表示两测砧已与被测件接触好,此时即可读数。千万不要在两测砧与被测件接触后再转动微分筒,这样将使测力过大,并使精密螺纹受到磨损。

3) 测量读数时,千分尺不要离开被测件,读数后要先松开两测砧,以免拉离时磨损测砧。

4) 不能用千分尺测量毛坯,更不能在工件转动时进行测量。

5) 不得握住微分筒挥动或摇转尺架,这样会使精密测量螺杆受损。

6) 测量完毕,千分尺应保持干净,放置时两测量面之间需保持间歇。

（六）内径百分表

内径表按结构分为带定位护桥（杠杆式或滚道式）、涨簧式和钢球式三种。活塞式制冷压缩机中常用杠杆式内径表来测量气缸套的内径。

1. 内径百分表的结构

图 2-30 所示为一种典型的带定位护桥的杠杆式内径表。这种结构的内径表用于测量较大的内径尺寸，常用测量范围为 35~160mm，在测量范围内又分为若干小段，每段换用一个长度不同的可换测头，可换测头以螺纹拧紧在主体的相应螺纹孔内，与可换测头同轴的还有活动测头。

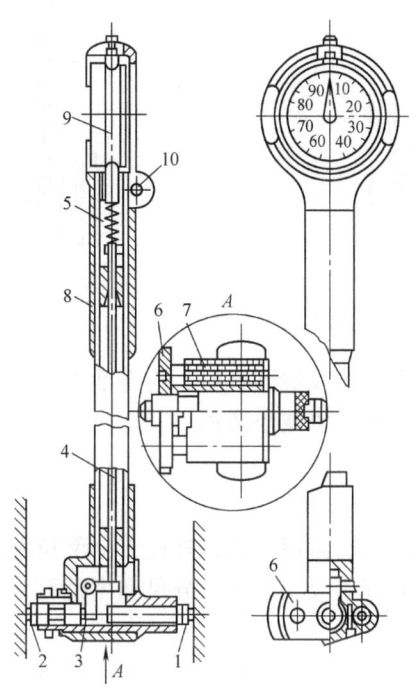

图 2-30 内径量表
1—可换测头 2—活动测头 3—等臂杠杆 4—传动轴 5、7—弹簧
6—定位护桥 8—隔热手柄 9—指示表 10—锁紧螺钉

2. 内径百分表的读数

测量时，先按大概尺寸选好可换测头，然后将可换测头与活动测头按被测内径尺寸的公称值对好指示表的零位。对零位时可用专用的标准环或量块组（图 2-31）。量块组与两侧的内侧护块 1 和 3 一起夹持在专用的夹持器 4 内。测量内径时，被测内径相对其公称值的偏差，由活动测头感受，通过等臂杠杆、传动杆，推动指示表测杆，由指针指示偏差值。测量力由弹簧 5（图 2-30）产生。形状对称的可动的定位护桥由两个弹簧 7（图 2-30）对称的压靠在被测内孔的孔壁上，以保证两测头能在直径截面内进行测量。

百分表的分度原理：百分表的测量杆移动 1mm，通过轮系使大指针沿刻度盘转过一周，刻度盘圆周刻有 100 个刻度，当指针转过一格，表示所测量的尺寸变化为 0.01mm。

3. 内径百分表使用时的注意事项

1）按被测内径尺寸选用可换测头，用量块校对好内径表的零位。在零位和测量内径时，一定要找准正确的直径测量位置。如图 2-32 所示的摆动内径表，在轴向截面内找最小示值的转折点（摆动内径表，示值由大变小，再由小变大）。

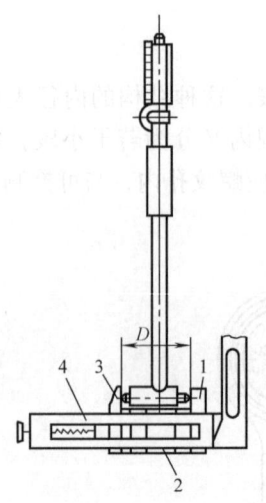

图 2-31　内径表对零位示意图
1、3—内侧护块　2—量块组　4—专用夹持器

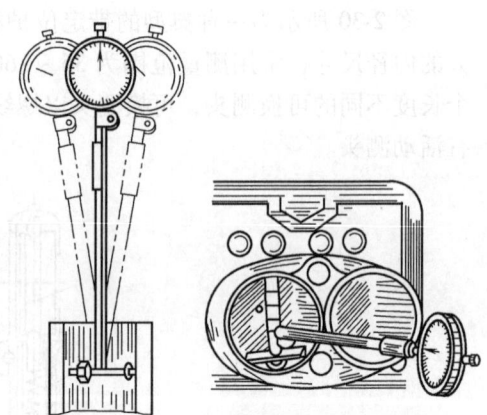

图 2-32　内径量表的使用方法

2）将内径表伸入和拉出量块组及被测孔时，应将活动测头压靠孔壁（指示表指针将转动），使可换测头与孔壁脱离接触，以减小磨损。

四、实训步骤

1）认识和熟悉钢直尺、塞尺、游标卡尺、外径千分尺和内径百分表等测量工具。

2）掌握钢直尺、塞尺、游标卡尺、外径千分尺和内径百分表等测量工具的使用方法和读数原则。

3）使用钢直尺、塞尺、游标卡尺、外径千分尺和内径百分表等测量工具对一些简单参数进行测量。

说明：本实训内容可根据试验室的具体条件而定，以会使用上述测量工具为目标。

五、思考与练习

1. 用塞尺测量间隙时应注意什么？
2. 游标卡尺怎样测量和读数？
3. 如何用内径百分表测量气缸内径？

第三章
活塞式制冷压缩机拆装实训

实训五　活塞连杆组、曲轴的拆卸与装配

一、实训目的

通过本实训的学习，学生应在熟练掌握 125 系列活塞、连杆组及曲轴结构的基础上，掌握 125 系列活塞连杆组的组装及活塞连杆组在机体上的拆卸和装配，掌握直剖式和斜剖式连杆结构及定位的区别，了解高压连杆与低压连杆的区别。

二、实训要求

1. 熟练掌握 125 系列活塞、连杆、曲轴的结构。
2. 能画出 125 系列活塞、连杆、曲轴的草图。
3. 能画出曲柄连杆机构的工作示意图。
4. 掌握 125 系列活塞连杆组的组装。
5. 掌握 125 系列活塞连杆组在机体上的拆、装顺序并能实际操作。
6. 掌握直剖式、斜剖式连杆结构及定位的区别。
7. 掌握高压连杆与低压连杆的区别。
8. 掌握曲轴上的和连杆体上的油路。

三、实训设备和工具

（一）实训设备及配件

125 系列的活塞组	一套
125 系列斜剖式连杆	一套
双曲拐轴	一根
100 系列直剖式连杆	一套

（二）实训工具

钢丝钳、吊环、木锤、套筒、外径百分尺等。

四、实训内容

（一）相关理论

1. 活塞、连杆、曲轴的作用

活塞组在压缩机中所起的主要作用是与气缸套和气阀组一起组成制冷压缩机的可变工作

容积，同时外界的机械能是通过活塞作用给气体的，所以活塞组还起着直接对气体做功的作用。

连杆和曲轴属于活塞式制冷压缩机的传递动力系统，它们在压缩机中所起的共同作用是将外界送入的机械能传递给活塞组，使活塞对气体做功。同时连杆和曲轴也是压力润滑系统中润滑油循环路线的重要组成部分。

活塞、连杆和曲轴连接而成的整体又称为曲柄连杆机构，通过曲柄连杆机构的运动，活塞在上止点与下止点之间往复运行，完成对气体的吸入、压缩、排出的过程。

2. 活塞、连杆、曲轴的结构

活塞组由活塞体、活塞环和活塞销组成。

活塞体为筒形结构，分为顶部、环部和裙部。顶部为盆状锥型，目的是与气阀组的底部相配，以减小余隙容积。同时活塞体顶部外侧有一个带螺纹的小孔，此小孔用来安装和拆卸活塞连杆组，同时可用于测量活塞的直线余隙。活塞体的环部开有三道环槽——两道气环环槽和一道油环环槽，在油环槽和油环槽下环岸四周开有回油孔，以便使多余的润滑油回流到活塞体内部。环部以下为活塞体的裙部，活塞体的裙部较长，对做上下往复运动的活塞起导向作用。同时，裙部在销座两侧有两个很浅的梯形凹面，这个面是给活塞销留的热膨胀余量。

大部分活塞式制冷压缩机采用三道活塞环，即两道气环和一道油环。活塞环为具有一个切口的弹性圆环。大部分油环采用具有回油孔的结构。

活塞销采用中空的圆柱形结构，因为活塞销与连杆小头之间采用浮式连接，为防止活塞销窜出销座而刮伤气缸壁，在活塞销外装有弹簧挡圈。

活塞式制冷压缩机采用的连杆结构有整体式、直剖式和斜剖式三种，在开启式活塞机中以采用直剖式和斜剖式为多。直剖式连杆和斜剖式连杆的连杆螺栓和连杆大头盖的定位不同，如图3-1所示。直剖式连杆大头盖的定位是依靠连杆螺栓中部的凸起实现的。而斜剖式连杆大头盖的定位则是依靠大头体上的凹陷与大头盖的凸起相匹配而实现的。

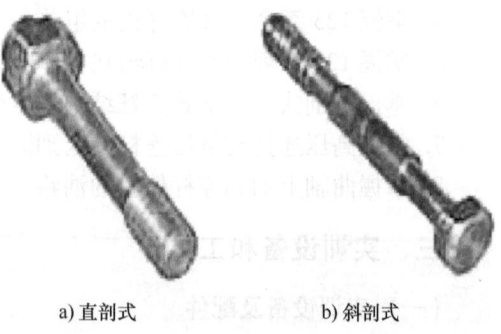

a) 直剖式　　　b) 斜剖式

图3-1　连杆螺栓

125系列压缩机的曲轴结构如图3-2所示。其曲轴为双曲拐轴，两侧的曲柄销上加设平衡块。注意曲轴上的孔，曲轴前端三个孔，中间一个为加工孔，旁边两个与联轴器相接。曲轴后端三个孔，中间与前端中间孔对称，为加工孔，旁边较大的一个孔与油泵传动块相配合，另一个较小的孔为进油孔，此孔与曲轴后部中心油道相通。前主轴颈上有一个斜孔，为曲轴前端进油孔，此孔与曲轴前部中心油道连通。后主轴颈上有一个直孔，为出油孔，润滑后主轴承与后主轴颈，此孔与曲轴后部中心油道连通。曲柄销上若干孔眼均为油孔，用于润滑各个连杆大头。且有的平衡块上也有孔眼，当曲轴中心前后油道连通时，有两个孔为堵油螺纹孔，其余孔为静平衡孔，目的是为了保证曲轴运转起来时，两个平衡块的惯性力相同。在曲轴清洗、安装时，应注意哪些孔为堵住的，哪些孔为流通的，对于流通的油孔，应确保其通道畅通。

图 3-2　曲轴结构

（二）实训步骤

1. 活塞连杆组的安装

活塞连杆组的安装如图 3-3 所示。安装时，先将小头衬套装入连杆小头内，连杆小头放入活塞体内。将活塞销插入销座和小头衬套孔内，转动灵活。活塞销装入后，用钢丝钳将弹簧挡圈放入活塞销座孔的槽内。再将大头体与大头盖内部的大头轴瓦装上，注意卡口对应。

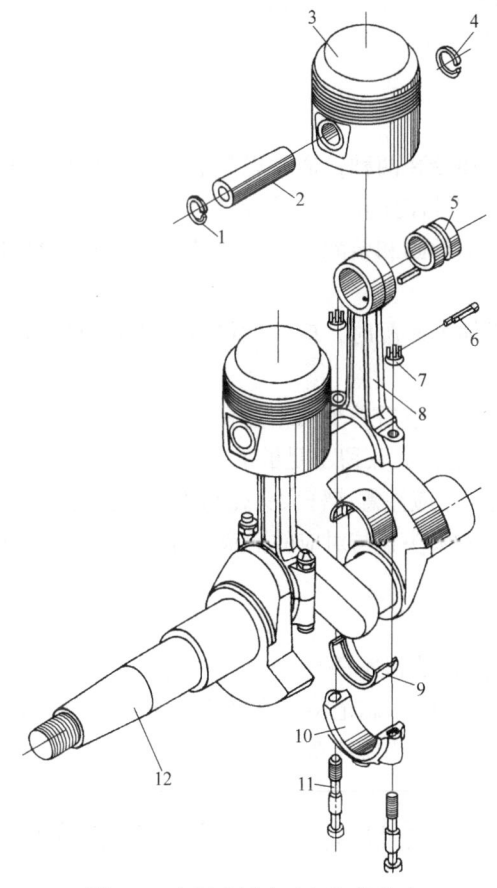

图 3-3　直剖式活塞连杆组的装配

1、4—弹簧挡圈　2—活塞销　3—活塞　5—连杆小头衬套　6—开口销　7—连杆螺母
8—连杆　9—连杆大头轴瓦　10—连杆大头盖　11—连杆螺栓　12—曲轴

向机体内装配时，先将对应的气缸套上放上压套，将吊环旋入活塞体顶部的螺纹孔内，

用吊环将活塞连杆组件托好后放入气缸内,连杆大头要对准曲柄销,再把活塞连杆组往下送。当活塞环与压套相接触时,用手挤压切口,逐个送入。在送入活塞环的过程中,为提高此活塞的密封性,应注意把各切口错开成120°角。三个活塞环全部挤入后,继续把活塞连杆组往下送,直到正好卡在曲柄销上为止。然后从侧盖处合上大头盖,用螺栓固定好,最后放上开口销。装配大头盖时应注意让其上的标号与大头体的标号相同并在同一侧。

2. 活塞连杆组的拆卸

拆卸活塞连杆组的步骤如下:

1)首先用钢丝钳取出螺栓或螺母上的开口销,松掉螺母,如图3-4所示。

2)取出下瓦和两个螺栓。

3)再转动曲轴,使活塞升至上止点位置。

4)然后把吊环拧进活塞顶部的螺纹孔内,轻轻用手托住取出活塞。

5)取出活塞连杆组件后,再把大头盖合上去,防止大头盖的号码弄错而影响装配。

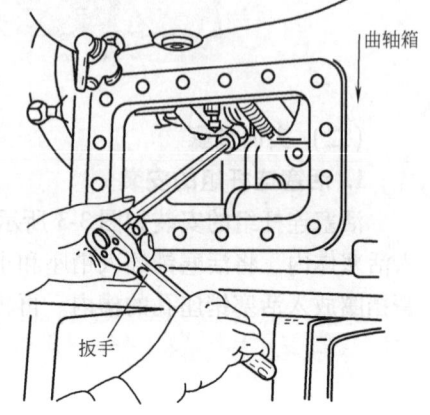

图3-4 拆卸连杆大头盖

五、注意事项

1)活塞销安装有热装和冷装两种,通常以热装为主。即根据热胀冷缩的原理,先将活塞体和连杆小头预热,然后再将冷的活塞销放入。

2)活塞连杆组在机体上拆卸和装配时,应注意用手托住连杆体,防止连杆大头刮伤气缸内壁。

3)在活塞连杆组向机体上装配时,应注意将活塞环的切口错开成120°角,以减少可变工作容积内气体的泄漏。

4)在安装每个曲柄销上的最后一个活塞连杆组时,应先将已安装上的几个连杆大头向一侧敲一敲,给最后的一个连杆大头留出足够的空间。

5)在安装连杆大头盖时,应注意连杆大头盖与大头体的标号相同且在同一侧。因此,对于检修的压缩机,应将拆下的大头盖与对应的活塞连杆组放在一起,防止大头盖的号码弄错。

六、思考与练习

1. 润滑油如何流过双曲拐轴和连杆?
2. 如果在活塞连杆组装配时,忘记将活塞环切口错开,压缩机工作后可能有什么影响?
3. 安装活塞连杆组时,有哪些要注意的问题?

实训六 气缸套、气阀组的拆卸与装配

一、实训目的

通过本实训的学习,学生应掌握气缸套和气阀组在活塞式制冷压缩机中的安装和拆卸方法。巩固气缸套和气阀组在活塞式制冷压缩机中所起的作用和结构。了解100系列和170系

列压缩机中的气缸套和气阀组与 125 系列气缸套和气阀组在结构上的区别。了解高压气缸套与普通气缸套在结构上的区别，并能进行气缸套内径及吸、排气阀片升程的测量。

二、实训要求

1. 熟练掌握 125 系列气缸、气阀组的结构。
2. 能够将 125 系列气阀组拆卸、清洗并组装。
3. 能画出 125 系列气缸套在机体上的安装草图。
4. 掌握 125 系列气缸套在机体上的拆、装顺序并能实际操作。
5. 掌握 100 系列与 125 系列这两组结构的区别。
6. 掌握普通气缸套与高压气缸套在结构上的区别。

三、实训设备及工具

（一）实训设备及配件：

125 系列制冷压缩机	一台
125 系列气缸套	一个
125 系列气阀组	一套
100 系列制冷压缩机	一台
100 系列气缸套	一个
100 系列气阀组	一套

（二）实训工具：

吊环、梅花扳手，螺钉旋具，尖嘴钳、内径量表、塞尺、深度游标卡尺等。

四、实训内容

（一）相关理论

1. 气缸套和气阀组的作用

气缸套和气阀组属于活塞式制冷压缩机的输气系统，与活塞组一起组成制冷压缩机的可变工作容积。除此之外，气缸套还对活塞起导向作用。气缸套中部的动环和小顶杆等是能量调节装置的执行机构。气缸套上部的两条阀线兼作吸气阀的阀座。气阀组中阀片的启闭直接影响压缩机的吸气、压缩和排气等工作过程的进行。由此可见，气缸套和气阀组的正确安装对于维持活塞式制冷压缩机的正常工作是非常重要的。

2. 气缸套的结构

活塞机中的气缸套一般采用灰口铸铁 HT200~HT400，加工方式为铸造。

气缸套的基本结构为薄壁筒形结构，上定位带支撑在机体的上隔板上。气缸套中部的凸缘下安装用于能量调节的小顶杆、动环和垫圈，下部的挡环槽中用来安放弹性圈。气缸套下部是自由的，以便热胀冷缩。

气缸套上部的两圈阀线兼作吸气阀的阀座，阀线中间的 30 个圆孔为吸气孔口，其中小顶杆穿过均匀分布的六个略小的圆孔。呈对角线布置且具有螺纹的两个孔为安装孔，在安装和拆卸气缸套时旋入吊环。

对 125 系列压缩机而言，其特点在于它的上部法兰同时又是吸气阀的阀座，阀座座面低于法兰的上端面,这个差距决定于吸气阀片的厚度和升程。对于 100 系列压缩机而言,它的这个结构与 125 有区别:其上部法兰也兼作吸气阀的阀座,但阀座座面高于法兰的上端面,吸气阀片和厚度和升程留在吸气阀的升程限制器(排气阀的外阀座)内。100 系列压缩机的气缸套是用螺钉直接固定在机体上隔板上的。

单机双级机中,一般高压气缸套与普通气缸套在结构上有所区别:需要在气缸套下部的定位带上开有 O 形密封圈的环槽,安装时装入 O 形密封圈,用以将压力不同的高压吸气腔和曲轴箱分隔。

3. 气阀组的结构

我国缸径在 70mm 以上的中小型活塞式制冷压缩机普遍采用刚性环片阀的结构形式。刚性环片阀的气阀组有两种典型结构:125 系列气阀组和 100 系列气阀组。

图 3-5 所示为 125 系列压缩机的气缸套与气阀组结构。其气阀组由下向上依次由如下结构组成:气阀螺栓(1 个)、金属垫片(1 个)、内阀座(1 个)、吸气阀弹簧(6 个)、外阀座(1 个)、排气阀片(1 个)、排气阀弹簧(8 个)、阀盖(1 个)、螺栓(4 个或 6 个)、钢碗(1 个)、螺母(1 个或 2 个)、开口销(1 个)。排气阀的内阀座与阀盖用螺栓连接,阀盖四周用螺钉与外阀座连接,构成一个阀组。

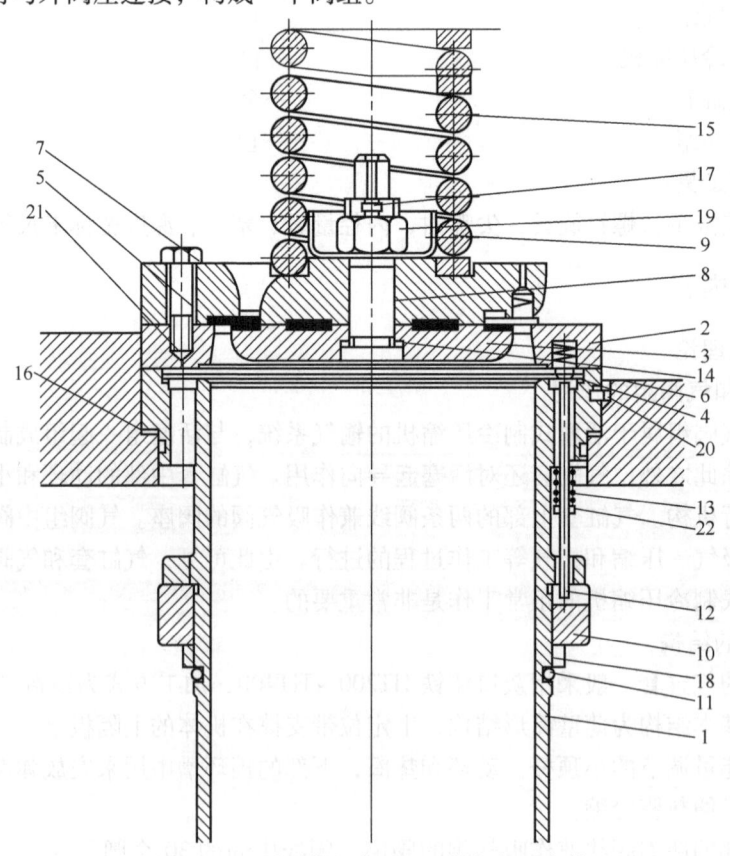

图 3-5 125 系列气缸套及吸、排气阀组合件

1—气缸套 2—外阀座 3—内阀座 4—吸气阀片 5—排气阀片 6—气阀弹簧 7—阀盖 8—气阀螺栓 9—钢碗 10—动环 11—弹性圈 12—小顶杆 13—顶杆弹簧 14—垫片 15—安全弹簧 16—调整垫片 17—开口销 18—垫圈 19—螺母 20—圆柱销 21—螺栓 22—开口销

100 系列与 170 系列压缩机的气阀组结构相同，比 125 系列压缩机多了一个压套，外阀座固定在气缸套阀座上，通过三个短螺栓将压套-外阀座-气缸套构成一个整体，再通过三个长螺栓将导向环-外阀座-气缸套的整体与上隔板固定在一起，其结构如图 3-6 所示。

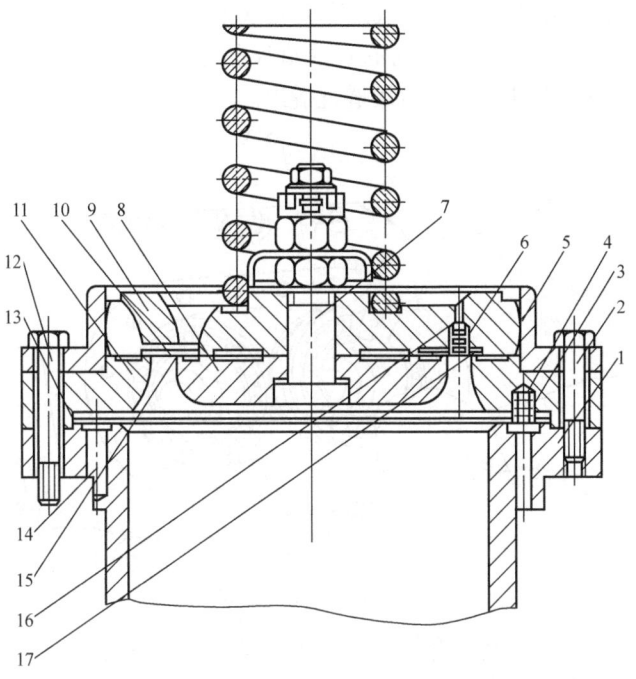

图 3-6　100 系列气缸套及吸、排气阀组合件
1—吸气阀座　2—螺栓　3—吸气阀片　4—吸气阀弹簧　5—导向环　6—排气阀弹簧　7—中心螺栓　8—内阀座　9—阀盖　10—排气阀片　11—外阀座　12—螺栓　13—吸气阀线　14—吸气阀座孔　15—排气阀线　16—小通孔　17—导向面

（二）实训步骤

1. 气阀组的拆卸

气缸盖拆下后，取出安全弹簧，即可进行气阀组从机体上的拆卸。

拆卸气阀组时，手的常用握法如图 3-7 所示，沿气缸体轴线方向用力即可将气阀组取下。

图 3-7　气阀组的常用握法

注意，在用力的过程中，应始终保证气阀组的上平面与压缩机的上隔板相平行。取气阀

组时，还应注意不能损坏外阀座与气缸口的密封线。

2. 气缸套的拆卸

用两只专用吊环，将吊环拧入气缸套顶部吸气孔口中的螺纹孔内，用力向上拉出气缸套，如图 3-8 所示。注意用力方向应为气缸套的轴线方向。如遇到拉不动的情况，则可能是气缸套过紧或气缸套与机体上隔板之间的石棉垫片黏连，可用木锤轻敲气缸底部，即可拉出。也可在两个吊环间放上铁棍，然后用撬棍撬出。

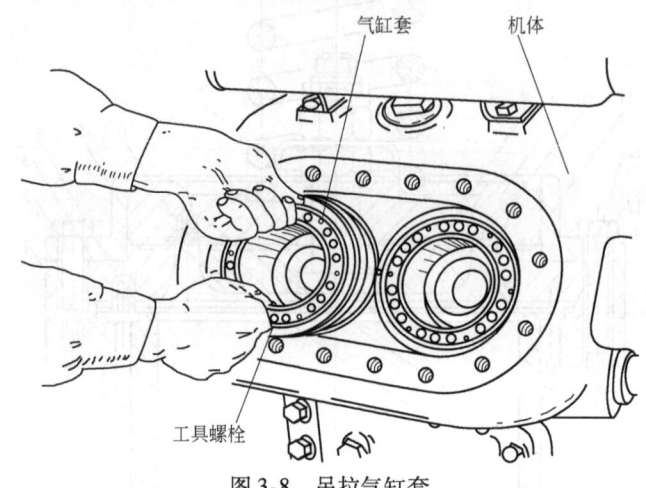

图 3-8 吊拉气缸套

拆出的气缸套应按顺序与其配合的活塞放在一起，以便装配。

3. 气阀组从部件到零件的拆卸

1）拆穿心螺母，一般用梅花扳手即可。若过紧，可在台钳上夹住再用梅花扳手松脱。

2）拆紧固螺栓，将 4 或 6 个紧固螺栓拆下后，即可取下阀盖。

3）将阀盖反面朝上，拆卸 8 个排气阀弹簧。

4）将外阀座反面朝上，拆卸 6 个吸气阀弹簧，拆气阀弹簧时应用手拧紧弹簧取下，不能硬拉，以免损坏弹簧。

4. 气缸套组件组装

1）将气缸套置于干净的软面工作台上，装动环，动环缺口朝下，注意其左右之分。

2）装垫片和弹性圈，并检查动环的灵活性。

3）将气缸套正立过来，装顶杆，使顶杆圆头落入动环缺口槽内。

4）对顶杆找平，即顶杆上放置吸气阀片，阀片平稳的高度差不大于 0.1mm。

5）提起顶杆，套入顶杆弹簧。压缩顶杆弹簧，在顶杆上装上开口销。

6）转动动环，检查顶杆的灵活性。

5. 气缸套的装配

1）安装气缸套时，先在准备安装的气缸套上拧入吊环，然后放好缸外的垫片，气缸套要对号。

2）将动环和小顶杆处于卸载位置，对于 125 类气缸套还应注意定位销与定位槽的位置。

3）沿机体上下隔板镗孔中心线的方向将气缸套送入。

4）装好后再用螺钉旋具插入卸载装置的法兰中心孔，推动活塞，检查卸载装置是否灵活及小顶杆能否正常升降。

6. 气阀组组件组装

1）阀盖大头朝下置于软面工作台上，将排气阀弹簧旋入阀盖弹簧孔内。

2）在气阀螺栓上装上铝垫片，再装上内阀座，然后在内阀座密封面上放上排气阀片。

3）将装好了排气阀弹簧的阀盖也装在气阀螺栓上，排气阀弹簧应压住排气阀片，注意阀片应放正。

4）装上钢碗。

5）拧上冕形螺母，装上开口销。

6）装外阀座，使螺栓孔端面紧贴阀盖的 4 或 6 个爪，拧上螺栓。

7）清点其余零件（吸气阀弹簧、吸气阀片、圆柱销、安全弹簧等），以备总装配。

7. 气阀组的装配

在压缩机上装气阀组前，将卸载装置用专用螺钉顶起，使小顶杆落下，处于工作状态，以免吸气阀片放不正。然后将吸气阀片放在气缸套的密封线上。再把气阀组平行于机体上隔板放在气缸套顶平面上，听到"啪"一声响，并能转动自如为安装到位。

气阀组装配时，手的握法及用力方向与气阀组拆卸时的要求相同。

五、注意事项

1）法兰螺母要对称均匀松紧。

2）为了便于学习，气阀组可进行到零件的拆装。

3）准备装气缸套时，应注意气缸套上的动环有左右之分，不要装反。

4）如遇到气缸套和气阀组拆不下来的情况，一定不要硬砸，用橡皮锤使其复位后再重拆。

5）在进行气缸套、气阀组在机体上的拆卸和安装时，应注意让身体正对机体，用力方向应为气缸套的轴线方向。气缸套上平面及气阀组下平面均应保持与机体上隔板平行。

6）使用吊环时应注意将其螺纹全部旋入，防止发生滑丝而使零件掉下。

六、思考与练习

1. 125 系列的气阀组由哪些零件构成？如何将其组装成一个气阀组部件？

2. 在进行气缸套和气阀组的拆卸和装配的过程中，用力方向如何？

实训七 油泵、轴封、安全阀的拆卸与装配

一、实训目的

通过本次实训的学习，学生应掌握油泵、轴封和安全阀的拆卸与安装，并进一步掌握油泵、轴封中各大小零部件的结构、名称，掌握油泵的工作原理及轴封的密封原理；了解安全阀的工作原理；掌握油泵的几条油路通向何处，并在此基础上掌握开启式活塞机压力润滑的润滑油循环路线。

二、实训要求

1. 掌握内啮合转子泵和外啮合齿轮泵的结构和工作原理。

2. 掌握轴封的基本结构以及轴封的拆卸和装配。

3. 了解安全阀的工作原理。

4. 了解油冷却器、粗过滤器、细过滤器、油压调节阀的安装位置和基本工作原理。

5. 熟练掌握压力润滑系统的润滑油循环路线。

6. 掌握油路的连接。

三、实训设备及工具

（一）实训设备及配件

内啮合转子泵油泵	一套
外啮合齿轮泵油泵	一套
摩擦环式机械轴封	二套
安全阀	一个
粗过滤器	一个
细过滤器	一个
油压调节阀	一个
开启式活塞机	一台

（二）实训工具

活扳手、专用扳手、螺钉旋具等。

四、实训内容

（一）内啮合转子泵的结构和工作原理

内啮合转子式油泵的结构及安装示意如图3-9所示。其主要结构为偏心配置的内转子和外转子，内转子转动时，它与外转子内表面构成的空间周期性的扩大和缩小，并且扩大时逐渐与吸油孔连通，缩小时逐渐与排油孔连通，从而完成吸油和排油的过程。

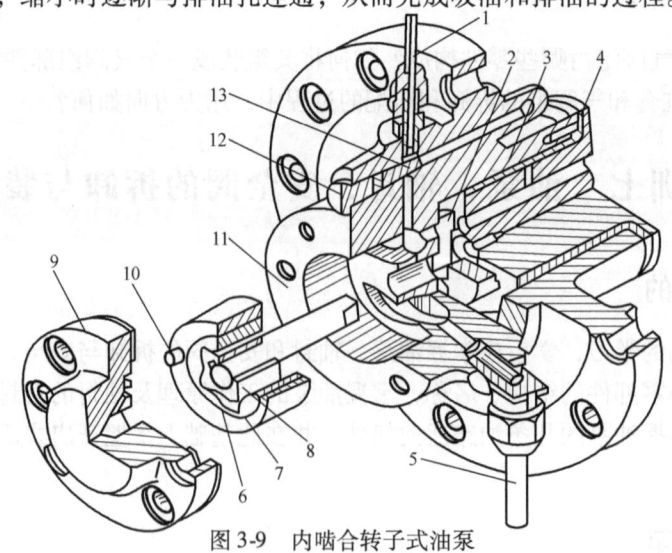

图3-9 内啮合转子式油泵

1—压力表油管 2—传动块 3—后轴承 4—曲轴 5—吸油管 6—换向圆环 7—外转子
8—内转子 9—泵盖 10—定位销 11—后轴承座 12—螺栓 13—油压调节螺栓

（二）外啮合齿轮泵的结构和工作原理

外啮合齿轮油泵主要由直径相同的主动齿轮、从动齿轮，和减压端面槽（卸压槽）等组成。其中主动轮用键固定在一端伸出壳外的轴上，由原动机或曲轴带动，另一个从动轮自由地套在固定的轴上，与主动轮相啮合而转动。当两齿分开后，形成低压空间，吸入润滑油。液体分两路沿壳壁被齿轮推着前进，压送到排出空间，最后进入油泵排油管。

（三）内啮合转子泵的拆卸和装配

进行油泵拆卸时，应先拆下油泵和油三通阀之间的油管，然后拆下过滤器上的螺母，取下细过滤器和泵盖，即可进行油泵的拆卸。

内啮合转子泵装配时，将油槽润滑后，将油道垫板装好，再把内、外转子装入泵体，泵轴转动灵活即可。然后将泵盖对准定位销装在泵体上，对称旋紧螺钉。最后将传动块装入曲轴端槽内，并转动曲轴数周，以保证油泵转动灵活。

（四）轴封的结构和密封原理

摩擦环式机械轴封由内向外依次由弹簧座（托板）、轴封弹簧、钢圈、橡胶密封圈、动环和静环等组成。由动环和静环形成径向动密封面，由动环和橡胶密封圈形成径向静密封面，由橡胶密封圈和曲轴以及橡胶密封圈和动环之间形成轴向密封面，同时润滑油形成油膜，协助密封。

轴封依靠这三个密封面和油封，起到防止制冷剂和润滑油外泄，以及防止外界的空气和水分内渗的作用。

（五）轴封的拆卸和装配

拆卸轴封时，先用专用工具对称均匀松开压盖螺母，用手推住压盖，依次松下各个螺母。当螺母马上要拿下时，要用力顶住压盖，以免轴封弹簧弹出而砸伤。取下端盖后，依次取出定环、动环、轴封弹簧和弹簧座，要注意保护动环和静环的摩擦面。

轴封的装配如图3-10所示。装配时，先将轴封盖处的橡胶密封圈及静环装好，要注意固定孔与定位销对正。将弹簧座装入，再将轴封弹簧、钢圈、橡胶密封圈及动环的整体一起套入曲轴，装平。然后再将已经装配好的密封盖整体慢慢推进，使静环密封面对正，然后均匀拧紧螺栓。要注意轴封盖推入时，以松手后能自动而缓慢地弹出为宜。若推进去后松手根本不动，则为橡胶密封圈过紧。若很快弹出，则证明橡胶密封圈太松。橡胶密封圈过紧与过松都会造成轴封的泄漏，均应更换橡胶密封圈。

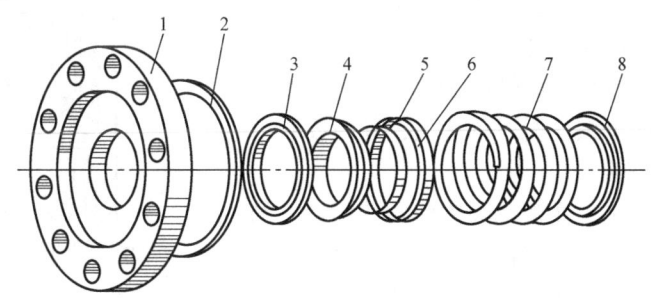

图3-10 轴封的装配

1—压板　2—橡胶密封圈　3—静环　4—动环　5—紧圈　6—钢圈　7—轴封弹簧　8—弹簧座

(六) 安全阀的工作原理和安装

安全阀是活塞式制冷压缩机的重要安全部件。如图 3-11 所示，安全阀主要由阀座、塑料密封垫、阀盘、弹簧及阀体等零件组成。安全阀弹簧的压力和吸气压力从下部作用于阀盘上，排气压力则从上部作用在此阀盘上。当排气压力超过安全弹簧预紧力和吸气压力之和时，阀盘就开启，使排气腔和吸气腔连通，从而使排气腔压力迅速下降。直至某压差值时，阀盘又自动关闭。安全阀调定后即用铅封将锁紧螺母锁住，不得轻易拆卸。

安全阀设置在压缩机排气腔和吸气腔之间的管路上。通常情况下安全阀的拆卸和装配仅仅是与机体相连的螺栓的拆卸和装配。

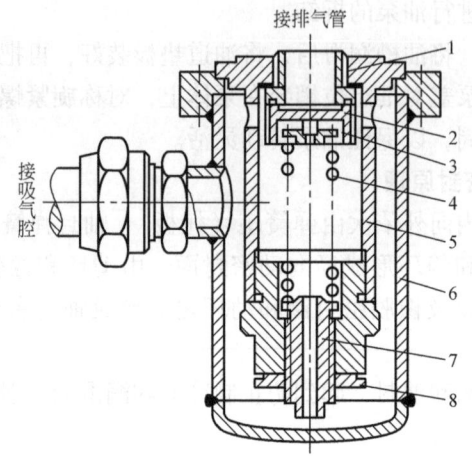

图 3-11 安全阀

1—阀座 2—密封垫 3—阀盘 4—弹簧 5—阀体 6—外罩 7—调节螺栓 8—锁紧螺母

(七) 油冷却器、油过滤器和油压调节阀的基本工作原理和安装

油冷却器为一个基本的盘管式换热器，管内走冷却水，管外为油，所以油冷却器是放在曲轴箱内，与一侧盖连接在一起的。安装时，应先将其与侧盖上的进出水管连接在一起，然后同侧盖一起安装，安装时注意不要同曲轴箱内的其他零部件发生碰撞。

活塞机中的油过滤器通常有粗过滤器和细过滤器两种。粗过滤器为网式结构，安装在曲轴箱底部油三通阀的里面，安装时应注意油管的连接方向。细过滤器为片式结构，装在压缩机曲轴的后端盖上。安装细过滤器时注意紧固四个螺栓要对称均匀，同时安装后要转动主轴，旋转灵活。

油压调节阀由阀芯、弹簧、阀体和调节阀杆等结构组成。如图 3-12 所示，当细过滤器出来的润滑油压力比曲轴箱油压高出很多（近似等于弹簧预紧力）时，阀芯被压力油顶起，部分压力油从此处泄回曲轴箱，使系统油压值降低。油压调节阀一般安装在压缩

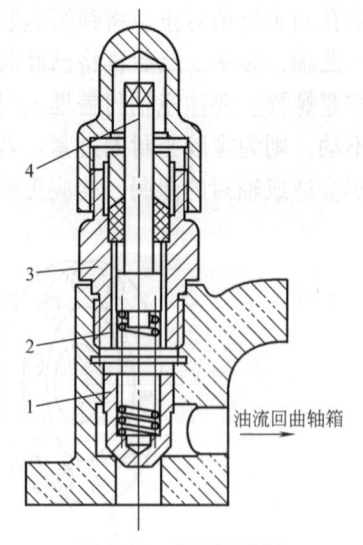

图 3-12 油压调节阀

1—阀芯 2—弹簧 3—阀体 4—调节阀杆

机的后主轴承上，安装时，先将阀芯安装到位，然后安装弹簧和阀体，最后旋紧阀盖。

（八）压力润滑系统的润滑油循环路线

曲轴箱→粗过滤器→油三通阀→油泵→细过滤器→（分三路）。

1）→油压调节阀→回曲轴箱。

2）→后主轴承与主轴颈之间→（经曲轴中心油孔）→连杆大头轴瓦与曲柄销之间→（经连杆中心油孔）→连杆小头衬套与活塞销之间→回曲轴箱。

3）（经机体外油路）→轴封室→（分两路）。

①→前主轴承与主轴颈之间→（经曲轴中心油孔）→连杆大头轴瓦与曲柄销之间→（经连杆中心油孔）→连杆小头衬套与活塞销之间→回曲轴箱。

②→输气量调节阀→（上载）→液压缸拉杆→（卸载）→输气量调节阀→回曲轴箱。

五、注意事项

1）装油泵时，要注意油泵的轴要对准曲轴后端的传动块的长孔，泵体螺栓孔侧的油路通孔要与后轴承座上的通孔对准。

2）拆卸油泵、轴封时要注意保护石棉垫片。

3）装配安全阀和油压调节阀时应先检查其内弹簧的预紧力。

六、思考与练习

1. 摩擦环式机械轴封的装配顺序如何？
2. 在机体上指出压力润滑系统的润滑油循环路线。

实训八　油三通阀、能量调节阀、液压缸拉杆机构的拆卸与装配

一、实训目的

学生应能够掌握油三通阀、能量调节阀以及液压缸拉杆机构的拆卸和装配；能够较熟练地掌握油三通阀和能量调节阀的内部结构、名称、安装位置及工作原理；掌握液压缸拉杆机构的结构和工作原理；在此基础上，了解油三通阀、能量调节阀和液压缸拉杆机构在压缩机中所起的作用以及与周围部件的联系。

二、实训要求

1. 掌握油三通阀的作用、结构和工作原理。
2. 掌握能量调节阀的作用、结构和工作原理。
3. 掌握液压缸拉杆机构的结构、工作原理，液压缸拉杆机构的安装和拆卸。

三、实训器材

（一）实训设备及配件

油三通阀	一个
8缸压缩机的能量调节阀	一个

液压缸拉杆（同一台压缩机）　　　　三套或四套

（二）实训工具

活扳手、螺钉旋具、木锤等。

四、实训内容

（一）油三通阀和能量调节阀的安装位置和工作原理

油三通阀是活塞式制冷压缩机实现手动加油和放油的设备，其安装位置在压缩机曲轴箱的出油口、粗过滤器的外部。

如图 3-13 所示，油三通阀主要由阀体、阀芯、指示盘、手柄等结构组成。阀体上有三个配油管接口：其中底部的油口与曲轴箱相通，阀体上用帽盖住的一个油口为油嘴，阀体上的另一个油口与油泵相通。所以此阀为称为油三通阀。阀芯将阀体内部的圆柱形空间分为两部分，则依靠阀芯位置的变换可实现三通阀的两通一堵，从而实现"工作""加油"和"放油"的状态。

图 3-13　油三通阀

如图 3-14 所示，阀芯处于图 3-14a 所示的位置时，曲轴箱与油泵相通，为"工作"过程。阀芯处于图 3-14b 所示的位置时，油嘴与油泵相通，为"加油"过程。阀芯处于图 3-14c 所示的位置时，曲轴箱与油嘴相通，为"放油"过程。

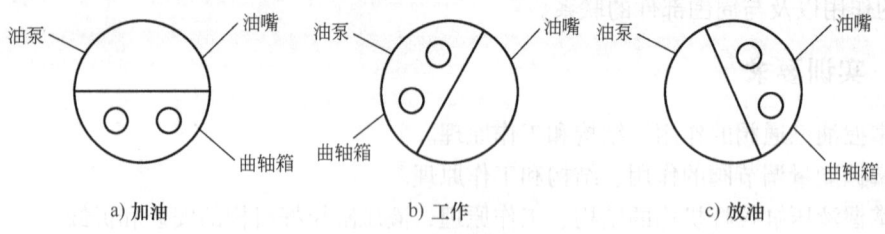

a) 加油　　　　b) 工作　　　　c) 放油

图 3-14　油三通阀的工作原理

能量调节阀又称为油分配阀。能量调节阀安装在机体外部的控制表盘上，能量调节阀是实现能量调节装置（液压缸拉杆机构）的压力油的供给和切断的。

图 3-15 所示为 8 缸压缩机的能量调节阀。其基本结构与油三通阀相类似，也是由阀体、

阀芯、指示盘、手柄等结构组成，但是其阀体上的配油管接口要比三个接管多。1为与液压缸相接的油孔，实现各个液压缸中的压力油的供油和回油；2为压力表接管，显示用于能量调节的压力油的油压；3为进油管，与轴封室的出油管相接；4为回油管，与压缩机的曲轴箱相接。阀芯将阀体内腔分隔成吸油腔和回油腔。

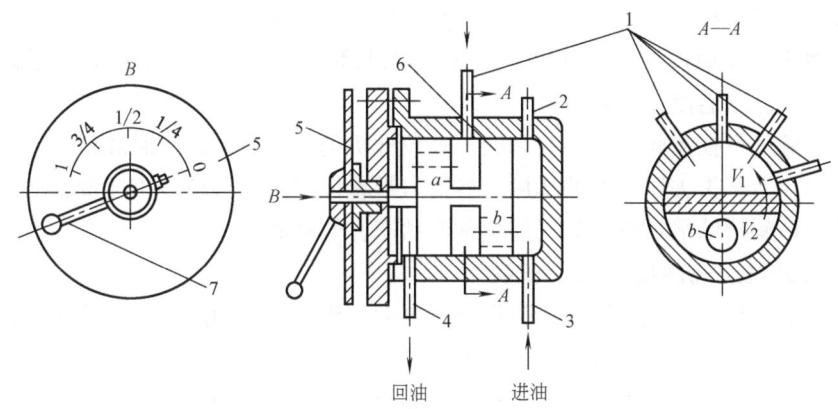

图3-15 能量调节阀
1—卸载连接管 2—压力表接管 3—压力油入口管 4—回油管 5—指示表盘 6—阀芯 7—手柄

工作时，根据输气量调节的要求转动手柄7，使隔板处于不同的位置，把压力油通过 b 孔和油管分送到需要工作的液压缸，同时又使需要卸载的液压缸通过油管1和 a 孔释压回油。

（二）油三通阀和能量调节阀的拆卸

拆油三通阀时，先按对称均匀2~3圈的原则拧下油三通阀与机体相连接的4个螺栓，然后再取下油三通阀。拆下油三通阀时要注意垫片的层数。

拆卸油分配阀时，先拆下与其相连的油管，并用布包好。然后将仪表盘上的螺钉松下，即可将油分配阀取下。

进行油三通阀和油分配阀内部的拆卸时，在拆之前应将阀盖、指示盘、限位板和阀体用划针划上装配记号。拆下指示盘螺钉，取下指示盘，再拆下阀盖，取出阀芯，检查橡胶密封圈是否老化或损坏。

（三）油三通阀和能量调节阀的安装

将油三通阀和油分配阀从零件组装成部件时，应先装好阀芯，然后安装指示表盘和手柄，要注意拆卸时阀盖、指示盘、限位板和阀体上所做的记号在装配时应对正。

油三通阀和能量调节阀在机体上的安装与拆卸的顺序相反，先找好油三通阀和能量调节阀的正确安装位置，对于油三通阀要注意表盘上的指示位置与实际连接相符，并用通气的方法试验"工作""加油"和"放油"的位置是否正确。然后按对称均匀的原则装上紧固螺栓，最后再接上油管。

对于能量调节阀，阀芯和弹簧装入阀体后，将套筒与弹性圈以及阀盖装好，用沉头螺钉拧紧。试通时，可用手指按住接头孔，从进油孔吹气，按数字从"0"位到"1"位逐个检查，同时检查一下回油孔的通向是否符合要求，然后将能量调节阀装入控制台孔内，将标牌装好，手柄指示"0"位，用螺钉紧牢。

(四)液压缸拉杆机构的结构和工作原理

液压缸拉杆机构属于活塞式制冷压缩机的能量调节装置。其基本结构由液压缸、活塞、拉杆、拉杆弹簧等结构组成。其一端通过油管与油分配阀相连,另一端与气缸套上的动环和小顶杆等能量调节的执行机构相连。

上载时,输气量控制阀接通轴封到液压缸拉杆机构的油路时,活塞在其右侧压力油的作用下,压缩弹簧并推动拉杆向前移动,拉杆带着动环转动,使小顶杆处于动环斜槽的最低处,吸气阀可以正常启闭,气缸上载。

卸载时,输气量控制阀切断轴封到液压缸拉杆机构的油路,并接通液压缸拉杆机构回曲轴箱的油路时,活塞失去压力油的作用,弹簧力带着拉杆向后移动,拉杆带着动环转动,使小顶杆处于动环斜槽的最顶端,吸气阀呈常开状态,气缸卸载。

(五)液压缸拉杆机构的拆卸和安装

拆卸液压缸拉杆时,先将油管接头拆下,再拆与机体相连的法兰,法兰内有弹簧,应注意不要将液压缸盖弹出。然后取出活塞,即可拿下液压缸和拉杆。

装配液压缸拉杆时,与拆卸的顺序相反。如拉杆不能顺利到位,可从吸气腔部分伸进手去,将拉杆推过机体内部的加强肋。在液压缸盖法兰装好后,用螺钉旋具插入法兰中心的通孔,推动活塞,检查卸载装置是否灵活。

五、注意事项

1)油三通阀及油分配阀上拆下的油管应用布包好,防止进去灰尘堵塞油路。

2)所有法兰在拆卸和装配时都要按对称均匀的原则松紧。

3)拆液压缸盖法兰时应注意里边有弹簧,松开螺母后用手扶住法兰盖,以免法兰盖弹掉地上伤人。

4)如果液压缸拉杆不好取出,可从吸气腔内用木棒敲击液压缸,即可把液压缸、弹簧和拉杆一起取出。

5)拆下后的液压缸拉杆机构应按顺序放好,因为同一台机器的几个拉杆的长度不同,如图3-16所示。

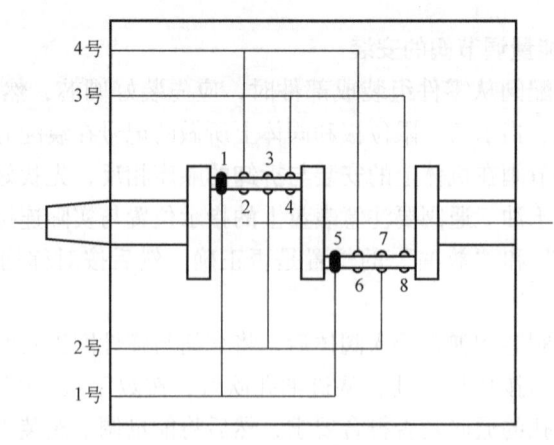

图3-16 拉杆长短示意图

六、思考与练习

1. 能量调节阀的各孔与哪些零部件相连接？
2. 一台压缩机经拆卸检修后，装配时出现拉杆与气缸套上的切口无法卡上的情况，试问有何危害？可能是什么原因造成的？

实训九　活塞式制冷压缩机整机的拆卸与装配

一、实训目的

通过本次实训，学生应掌握活塞式制冷压缩机整机拆装的顺序并能部分操作，了解活塞机拆装时的注意事项，为活塞式制冷压缩机的检修打下基础。

二、实训要求

1. 掌握活塞式制冷压缩机拆卸和装配的正确顺序并能实际操作。
2. 了解活塞式制冷压缩机拆卸和装配时的注意事项。

三、实训设备及工具

（一）实训设备及配件

612.5A100 压缩机　　　　　　　　　　　　一台
2F6.3 压缩机　　　　　　　　　　　　　　一台

（二）实训工具

1. 手工工具

活扳手、呆扳手、内六方扳手、梅花扳手、尖嘴钳、螺钉旋具、木锤、橡皮锤、吊环等。

2. 材料

煤油、润滑油、棉纱等。煤油主要用于零件的清洗，煤油除锈效果较好且可防止表面生锈。在相互运动的摩擦表面涂上一层润滑油，可起到防止生锈和避免干摩擦的作用。

四、实训内容

（一）612.5A100 压缩机拆卸的基本要求

1）拆卸的步骤应先上后下、由外及里，先部件后零件。
2）拆卸形状和尺寸相同的零件，如气缸、活塞、活塞销、连杆等，应先打上辨明位号和方位的标记，然后拆卸。
3）拆卸时需压出或打出轴套和销子时，应先辨明击退方向，然后再用铜锤或铜棒间接锤击，以免打毛或打坏零件表面。
4）拆卸零件时不能用力过猛，当零件不易拆卸时，应查明其原因后再进行拆卸，以免损坏零件。
5）拆卸过程中应定人作业，避免他人代替。

6）拆下的零件应按精度高低分类摆放，避免碰撞破坏精度。

7）对于体积小的零件（如滚珠、弹簧等），清洗后要装在主要零件上，以免丢失。

8）拆下的零件清洗后，必须涂上润滑油或浸泡在油中，防止零件表面生锈。

9）拆下的洁净零件应分类摆放在洁净处，并用净物遮盖，以免黏附灰尘。

10）拆下的开口销不准二次再用，必须换上新的。

11）拆下的油管、气管等，煤油清洗后用压缩空气或氮气吹净，并封好管口。

（二）612.5A100 压缩机的拆卸步骤

将压缩机整机拆卸成为各个部件，通常采用的顺序为：

1. 拆掉与压缩机外部相连的各阀门、管道、仪表等

拆卸阀门管道时要注意工作人员的身体及脸部不要正对着管道、阀门的出气口，以避免余氨泄漏伤人。拆下的管路应清洗干净并做记号，防止安装时搞乱。

2. 拆卸曲轴箱侧盖

拆下螺母可将前、后侧盖取下。拆卸后侧盖时要保证侧盖平行端下，以免损伤油冷却器。若侧盖和密封垫片黏牢，可在黏合面中间位置用薄錾子剔开，注意不要损坏垫片。取下侧盖时，要注意人的脸不应对着侧盖的缝隙，以免余氨跑出冲到脸上。然后检查曲轴箱内有无脏物或金属屑等。

3. 拆卸轴封室

首先均匀的松开轴封端盖螺栓，对称留下两只螺母暂不拆下，其余的螺母均匀拧下。用手推住端盖慢慢取下端盖，然后顺次取出外密封圈、静环、动环、内弹性圈、钢圈及轴封弹簧和弹簧座。应注意不要碰伤静环与动环的密封面。

4. 拆卸气缸盖

预先将水管拆下，再把气缸盖上螺母拆掉。在卸掉螺母时，两边长螺栓的螺母要最后松开。松开时两边同时进行，使气缸盖弹力平衡升起 2～4mm 时，观察石棉垫片黏到机体部分多，还是黏到气缸盖部分多。用螺钉旋具将石棉垫片铲到一边，防止损坏。若发现气缸盖弹不起时，注意螺母松得不要过多，用旋具从贴合处轻轻撬开，以防止气缸盖突然弹出造成事故。然后将螺母均匀地卸下。

5. 拆卸安全弹簧和气阀组

拆下气缸盖后，取出安全弹簧，接着取出排气阀组和吸气阀片。要注意编号，连同安全弹簧放在一起，便于检查和重装。

6. 拆卸活塞连杆组

首先将曲轴转到适当的位置，用钳子取出连杆大头开口销或铅丝，拆掉连杆螺母。取下连杆大头瓦盖，然后将活塞升至上止点位置，把吊环拧进活塞顶部的螺纹孔内，利用吊环可将活塞连杆部件轻轻拉出，要防止擦伤气缸内壁。当活塞连杆部件取出后，再将大头瓦盖合上，防止大头瓦盖编号弄错，以影响装配间隙。

7. 取出的活塞连杆部件

取出的活塞连杆部件与配合的气缸套应是同一编号，再按次序放在支架上并用布盖好。

若连杆大头为直剖式结构，可将活塞连杆部件和气缸套一起拉出。若拉不出时，用木棒轻轻敲击气缸套底部或用木块一端放在曲轴上，而另一端与气缸套底部接触，这时将曲轴微量转动一下即可拉出。

8. 拆卸气缸套

先将两只吊环旋进气缸套顶部的两个对称的螺纹孔内，借助吊环拉出气缸套。拉出时，要注意气缸套台阶底部的调整垫片，防止损坏。

9. 拆卸卸载装置（液压缸拉杆机构）

预先将油管的连接头拆下。在拆卸机体的卸载法兰时，螺母应对称拆掉，再将留下的两只螺母均匀地拧出。因里面有弹簧，要用手推住法兰，将螺母拆下后即可取出法兰和液压缸活塞。若液压缸取不出时，可以在机器的吸入腔内用木棒敲击液压缸，将液压缸、弹簧和拉杆等零件取出。

10. 拆卸油三通阀及粗过滤器

先拆卸油三通阀与油泵体的连接头和油管，再拆下油三通阀（注意六孔盖不能掉下，以免损伤，还要注意其中的垫片层数），然后取出网式粗过滤器。

11. 拆卸细过滤器和油泵

先拆下细过滤器与液压泵的连接螺母，取下片式细过滤器，然后取出内、外转子和传动块。

12. 拆卸后主轴承座

首先将曲柄销用布包好，防止碰伤，再用方木在曲轴箱内把曲轴垫好。将前后主轴承座连接的油管拆掉，然后拧下后轴承座周围的螺母，用两只专用螺栓拧进后轴承座的螺纹孔内，把轴承座均匀地顶开，慢慢地将轴承座取出，防止用力过猛卡住而将曲轴带出，放置时防止损坏轴承座的密封平面。

13. 拆卸曲轴

曲轴从后轴承座孔中抽出。抽曲轴时，后轴颈端用布条缠好防止擦伤。曲轴前端面有两个螺纹孔，用两只长螺栓拧进，再套上适当长度的圆管，以便抬曲轴用。曲轴抽出来放平，注意曲拐部分不要碰伤后轴承座孔。

（三）612.5A100 压缩机的装配程序

制冷压缩机的总装配是将各个组件装好的部件逐一装入机体。一台制冷压缩机是由许多零部件组装而成，整机的性能好坏与每一零件的材质、加工质量以及技术要求等都有很大的关系。仅有合格零部件而没有合格的装配技术也会影响制冷压缩机的性能。所以装配压缩机时要按照如下的装配程序，才能保证零部件装得很快又正确。

1. 清洗及氟利昂压缩机的干燥

首先要把各零件上的铁锈、氧化层、残存型砂及加工毛刺等消除干净，然后用汽油或煤油清洗，再用压缩空气吹干。如为氟利昂压缩机的零件，最好用烘箱烘干和保存。

2. 检查零件

对于新压缩机的装配，各种要装配的零件都必须具有合格证明。若不能确保其合格，应按图样要求仔细地检查（包括尺寸公差和几何公差、表面粗糙度、硬度、耐压、平衡以及探伤等）。若发现不合格者，应进行修理或更换。对于修理后的压缩机的装配，应按照检修的要求，对相应的零部件进行检查后再装配。

3. 把零件或组件组装成部件

一台现代高速多缸的制冷压缩机，其零件数量很多，常达数百个，为避免总装时搞乱搞错，提高装配效率，通常是先把它们分别组装成种类不太多的部件或组件。然后再把各部件分别进行调试及检验合格。

对于机器的零部件，经常会出现如下几个词汇——零件、合件、组件、部件及机器。所谓零件，是指组成机器的基本元件，是由一整块金属制成的部分元件。而合件是指由若干零件永久结合（如铆焊等），或是组合后还需要加工的零件接合。组件是指一个合件或几个合件与几个零件的结合。部件是由一个或几个组件组成，且能完成一定功能的结合。最后是机器，机器也叫制品，是由部件组成的。

4. 把各组件及部件组装成压缩机

压缩机装配的顺序通常情况下是与拆卸的顺序相反的。

（四）612.5A100 压缩机从组件和部件到总机的装配顺序

1. 主轴承及支承法兰的安装

后主轴承的结构如图 3-17 所示。把后主轴承装入轴承孔，当装入前端面时，要转动轴套 7，使凸缘上的定位孔对准端面上的定位销 6。销的作用是防止轴套转动。在盖的端面涂上油，放上橡胶石棉垫片 8，将后盖 5 推入曲轴箱的后盖孔，这时即可均匀的拧紧螺钉（不要一次拧紧）。

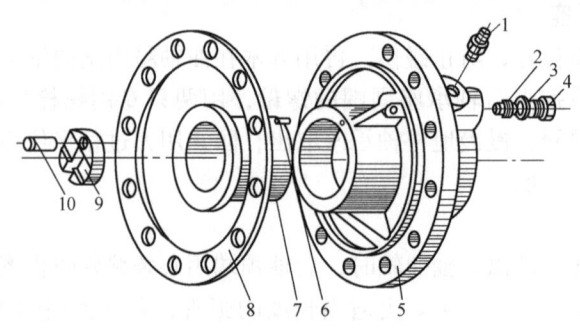

图 3-17　后主轴承部件图

1—管接头　2—调节阀芯　3—垫片　4—螺塞　5—后盖　6—定位销　7—后轴套
8—橡胶石棉垫片　9—传动块　10—传动销

装入曲轴时，在曲轴的后轴颈上应涂上润滑油，并把它从前盖孔经曲轴箱推入后端轴承孔内，这时再装前端主轴承及前盖。前主轴承的结构如图 3-18 所示。转动曲轴数周，若灵活即可进行下一步工作。

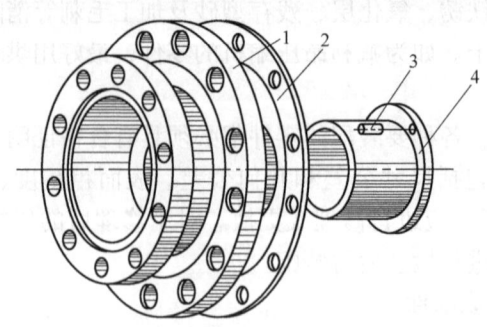

图 3-18　前主轴承部件图

1—前盖　2—橡胶石棉垫片　3—定位销　4—前轴套

2. 油泵的安装

油泵安装时，必须将油泵主动轴的端头插入曲轴端头偏心传动块的槽内。装上油泵后，必须转动曲轴数周。安装时应事先在橡胶石棉垫片上打好油孔和油压调节孔，此时要注意端盖的密封垫片不宜太厚。

3. 粗过滤器及油三通阀的安装

安装时先装上粗过滤器，然后装上密封垫片，最后装上油三通阀，装油三通阀时要注意与油泵相连接的油管的位置。

4. 卸载装置的安装

首先将拉杆套入液压缸孔内，装上弹簧拧上带垫圈的螺钉，再在液压缸外套上密封垫，然后逐个对号入座，从机身的侧面装入气缸体内腔，最后装上活塞、密封垫，盖上液压缸端盖。

5. 气缸套的安装

安装气缸套时，应首先放好气缸套与机体上隔板之间的石棉垫片。如为高压缸套，还要放好气缸套与曲轴箱连接处的垫圈。然后用吊环将气缸套缓缓送入机体的镗孔中，送入后稍稍转动气缸套，使缸套上的定位销与机体上隔板的销孔配合。最后拧下活塞端盖中间的堵头螺钉，换上一只较长的螺钉或用螺钉旋具顶动活塞，使拉杆、动环、小顶杆动作，以观察顶杆能否灵活升降。

6. 活塞连杆组的安装

活塞连杆组的装配如图3-3所示。凡是安装相对运动的两个部件时，在其零件的表面都要涂上润滑油。将衬套压入连杆小头，用活塞销将活塞和连杆相接。然后依次装入活塞两头的弹簧挡圈、油环、气环然后装入气缸，向气缸内装配时，要注意一个环送入气缸套后再送下一个环，不能用力过猛，以免将油环或气环压断。装上连杆大头轴瓦和连杆螺栓。然后均匀地旋转曲轴，检查是否灵活。如果灵活即可装上开口销，锁紧螺母。

7. 排气阀组与安全弹簧的安装

排气阀组向机体内安装前，应先将卸载装置上的小顶杆落座，再放上吸气阀片，检查6个吸气阀弹簧是否平衡。然后用双手对称拿着气阀组，保持与机体上隔板平行的方向送入，如不能直接到位可轻轻转动。最后将安全弹簧放在阀盖上的凹孔内。

8. 气缸盖的安装

安装气缸盖时应由两个人抬着气缸盖放上，注意将安全弹簧与气缸盖上的弹簧座孔对正。压紧气缸盖时，应先拧两只对角长螺栓，当其他的螺柱端头露出气缸盖时，套上螺母，逐步地对紧螺母，直至完全压紧。

9. 轴封的安装

先将外弹性圈套在静环上，装入轴封盖，密封面要平整。然后将弹簧、压圈、内弹性圈及动环整体装入，再将轴封盖慢慢推进，使静环与动环的密封面对正，以松手后能自动而缓慢地弹出为宜。最后均匀地拧紧螺栓。

10. 各阀门油管的安装

阀门主要指吸、排气截止阀，安装时要注意阀门上指示的流向应与实际的流向相符，防止装错。

油管安装时要按照油路的流向安装，防止错装漏装。主要油管有：油三通阀到油泵一根,细过滤器到轴封室一根,轴封室到油分配阀一根,油分配阀与液压缸连接若干根,油分配阀回曲轴箱一根。

水管主要是水源到油冷却器一根,油冷却器到气缸盖若干根,气缸盖回水源一根。气缸盖上的水管安装时要注意下进上出。

(五) 2F6.3 型制冷压缩机的拆卸步骤

2F6.3 型制冷压缩机的结构如图 3-19 所示,为整体式无缸套结构,拆卸与装配从压缩机底部的底盖进行。

具体拆卸步骤如下:

1) 拆卸气缸盖,取下阀板组及衬垫。
2) 拆卸吸入口盖、衬垫,取出吸入口过滤网。
3) 拆卸底盖,卸下曲轴大瓦螺栓,取下轴瓦和连杆大头并打上记号,以免装配时搞错。
4) 拆卸前后端盖。
5) 拆卸轴组件。
6) 将曲轴从前端方向取出,放在架上。
7) 从底盖处取出活塞连杆组,并在缸体活塞、连杆上做上记号,以免装配时搞错。
8) 拆卸活塞环,止退环及活塞销,使连杆小头与活塞分离。
9) 拆卸阀板组。

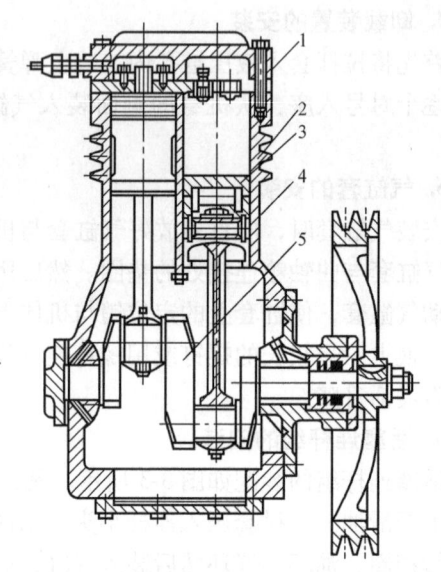

图 3-19　2F6.3 型制冷压缩机
1—阀板　2—气缸体　3—活塞　4—连杆　5—曲轴

(六) 2F6.3 型制冷压缩机的装配步骤

1) 组装活塞连杆组。
2) 组装阀板组。
3) 把活塞连杆组件按记号从曲轴箱下端装入缸体内。
4) 装入曲轴后端轴承,并用定位销固定。
5) 把曲轴缓慢地送入曲轴箱。并将曲轴一端推入后轴承内,推足为止,再装上前轴承。
6) 从曲轴箱底部,按记号装上连杆大头的轴瓦,用连杆螺栓及螺母应将上下轴瓦固定在曲拐上。
7) 用手转动曲轴,应转动自如,不允许有过重或卡住现象。
8) 装入轴封组件。
9) 装入底板,将压缩机翻转,放上垫片,装上阀板组,吸气阀片应对准活塞顶面上的凹槽,不得装反。
10) 装上垫片和缸盖,旋紧中间两只螺栓,使缸盖中肋将上垫片中肋紧紧压在阀片上,以防高低压腔连通,再以对角顺序紧好缸盖螺栓。
11) 向曲轴箱内加入适量的冷冻润滑油,再旋入注油堵头螺栓并旋紧。

第四章 螺杆式制冷压缩机拆装实训

螺杆式制冷压缩机是制冷与空调行业中近几年使用越来越广泛的一种容积式压缩机的形式。通过本实训的学习，学生应掌握螺杆式制冷压缩机的机头的拆卸和装配的过程及注意事项，熟悉螺杆式制冷压缩机的结构，并为后面的螺杆式制冷压缩机的检修打下基础。

实训十　螺杆式制冷压缩机轴封与轴承的拆卸与装配

一、实训目的

通过本实训的学习，学生应掌握螺杆式制冷压缩机基本结构，同时在掌握螺杆机轴封与轴承结构的基础上，能够进行轴封、主动轴承和推力轴承在机体上的拆卸和装配操作。

二、实训要求

1. 熟练掌握螺杆式制冷压缩机的结构。
2. 掌握螺杆机的轴封结构及拆装操作。
3. 掌握主轴承的结构及拆装操作。
4. 掌握推力轴承的结构及拆装操作。

三、实训设备和工具

（一）实训设备及配件：

LG20 压缩机头	一个
轴封	一套
滑动轴承	一套
推力轴承	一套

（二）实训工具：

扳手、吊环螺钉、方木、尖嘴钳、钢丝绳、起重滑车等。

四、实训内容

（一）相关理论

1. 螺杆式制冷压缩机的基本结构

螺杆式制冷压缩机的主要零部件包括机壳、转子、轴承与平衡活塞、轴封、输气量调节装置及喷油机构六大部分组成。功能上类似于活塞机的机体组、输气系统、传递动力系统、密封装置、能量调节装置及润滑系统。图4-1所示为其外形图，图4-2所示为螺杆式制冷压缩机的结构简图。

图4-1　螺杆式制冷压缩机外形图

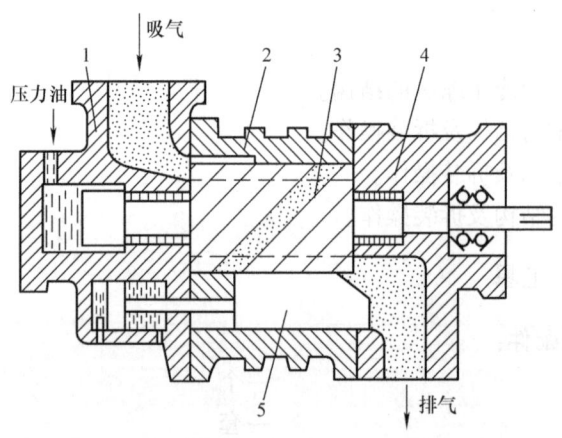

图4-2　螺杆式制冷压缩机结构简图
1—吸气端座　2—机体　3—螺杆　4—排气端座　5—能量调节滑阀

2. 轴封的结构

轴封是开启式制冷压缩机的主要密封装置，它起到防止压缩机内部的制冷剂和润滑油外泄的作用，同时当压缩机内压力低于大气压时，也起到防止空气和水分内渗的作用。

螺杆式压缩机通常采用密封性能较好地接触式机械密封，其结构如图4-3和图4-4所示。使用中，需向此轴封处供以高于压缩机内部压力的润滑油，以保证在密封面上形成稳定的油膜。必须注意的是，轴封中有关零部件的材料要能耐制冷剂的腐蚀。

图 4-3 轴封

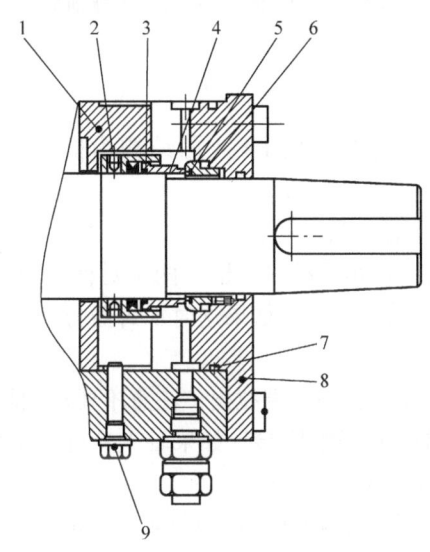

图 4-4 轴封的结构

1—轴封套 2—动环紧固螺钉 3—动环密封圈 4—动环 5—静环
6—静环密封圈 7—O形密封圈 8—轴封盖 9—定位螺钉

3. 轴承的结构

螺杆式制冷压缩机的轴承包括滑动轴承（主轴承）和向心推力球轴承两种，如图 4-5 所示。

压缩机运转时，两螺杆的螺旋部分端面及螺旋齿面上都作用着气体压力，从而使螺杆产生径向力和轴向力。

径向力主要依靠滑动支承。滑动轴承又称为流体动力轴承，是指轴被油膜支承起来，不存在机械磨损部件。只要轴承被充以适当黏度和品质的润滑油，工作在适当的压力和温度下，并且润滑油经过良好过滤，滑动轴承的工作寿命将十分长久。

阴螺杆上的轴向分力用向心推力球轴承支承。由于作用在阳螺杆上轴向分力要比阴螺杆大得多，所以阳螺杆上的轴向分力需要使用向心推力轴承和油压平衡活塞支承，如图 4-2 所示。

 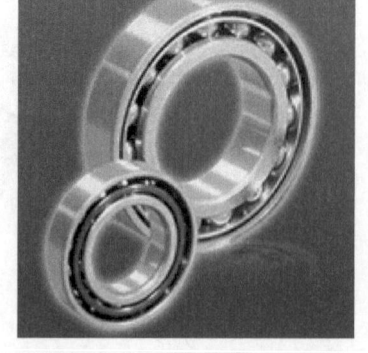

a) 滑动轴承　　　　　　　　　　b) 向心推力球轴承

图 4-5　滑动轴承与向心推力球轴承

（二）实训步骤

1. 轴封的拆卸与检查

以下轴封的拆装操作是以图 4-3 和图 4-4 的结构为例，以下步骤中括号内数字即为图 4-4 中的结构序号。

（1）轴封的拆卸步骤与注意事项

1）拆去固定轴封盖 8 的内六角头螺钉，留下两个对称的螺钉，再交替地松开剩下的两个螺钉。使轴封弹簧轻轻地推动轴封盖。如果这时轴封盖与垫片黏在一起，松开螺钉后，用手将其分开。

2）拆去轴封盖。将轴封盖从轴的一端拉出，注意不要撞到轴上，如图 4-6 所示。

3）轴封盖拆去后，擦拭轴并仔细检验。如果轴上有任何划伤的痕迹，用精砂纸加工，以避免轴封拉出时损坏 O 形密封圈 7。

4）拆下静环 5、静环密封圈 6，松开固定动环 4 的紧定螺钉 2。

5）松开动环紧固螺钉 2，用手抓住动环 4 仔细地向外拉，注意不要划伤轴，如图 4-7 所示。

图 4-6　拆卸轴封盖　　　　　　　图 4-7　拆卸轴封动环

6）拆下定位螺钉 9（20 以下机型有），将两个螺栓插入轴封套 1 的螺栓孔中，与轴平行地向外拉，注意拉时不要将轴封套倾斜。

（2）轴封的基本检查事项

1）检查轴封动环 4 与静环 5 的摩擦表面。具有光滑的无污染表面的动环、静环可以再利用，如果有任何划伤的痕迹，则需更换，否则将导致泄漏。

2）检查 O 形密封圈。在氟利昂系统中，O 形密封圈容易受腐蚀，如果发现 O 形密封圈有不正常的地方就要更换。轴封上共计有 3 个 O 形密封圈（7、3、6）分别用于轴封盖 8、动环 4 与静环 5。

3）检查轴封套的摩擦表面，若发现有磨损，更换新的零件。由于轴封套 1 是专为压缩机设计的，只能用专门的零件。

4）如果拆卸轴封时，轴封盖垫片没有损坏，就不需更换。

2. 轴封的装配

装配本质上与拆卸的工序正好相反。在装配之前所有的工具及零件都要进行彻底地清洗，零件用压缩机油处理。具体的装配步骤与注意事项如下：

1）装配之前彻底清洗轴封接触面。

2）装之前仔细检查密封面是否有划痕。

3）装入轴封套。擦干净轴封孔，装 O 形密封圈，如图 4-8 所示。

4）装轴封动环 4 以及动环密封圈 3。上紧 4 个紧定螺钉。注意装动环时松一下紧固螺钉，防止高出空面的螺钉划伤轴径。

5）装轴封静环 5 以及静环密封圈 6。注意对齐止动销。装轴封盖垫片。

6）装入轴封盖 8。螺栓对称拧紧。

图 4-8　装配密封圈

3. 吸气端座与滑动轴承的拆卸与检查

本书螺杆式制冷压缩机的拆装操作以烟台冰轮集团 LG20 机型为例，其结构爆炸图如图 4-9 所示。吸气端座及滑动轴承的拆卸步骤与注意事项如下。

1）拆去将吸气端座固定于机体上的所有螺钉。

2）将一些螺钉装到机体侧的不通螺纹孔中，以平衡地顶开吸气端座。螺钉应该交替地一点点地拧紧，使吸气端座均匀地压起。

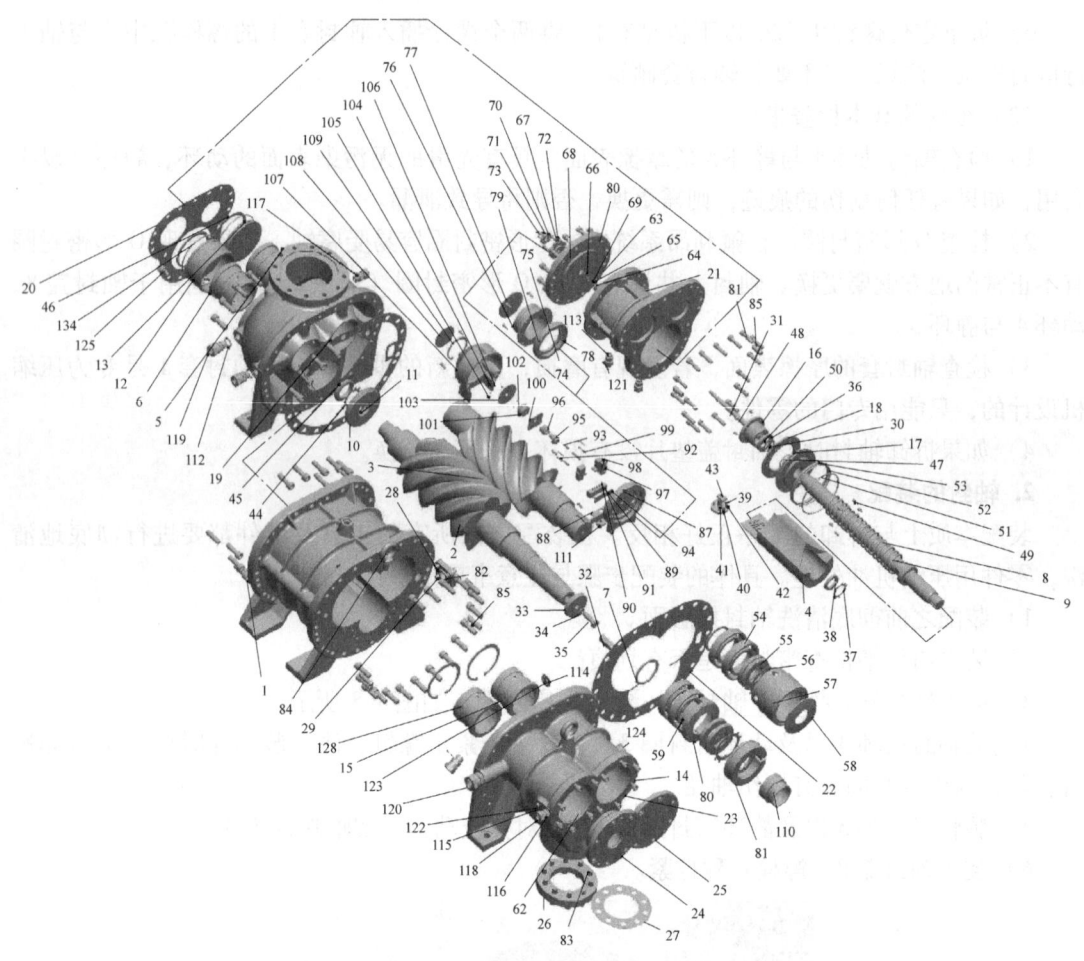

图 4-9 螺杆式制冷压缩机爆炸图

1—机体 2—阳转子 3—阴转子 4—滑阀 5—吸气端座 6—吸气端主轴承 7—轴承隔圈 8—滑阀导管 9—卸载弹簧 10—平衡活塞 11—平衡活塞销 12—平衡活塞套 13—阴转子孔密封盖 14—排气端座 15—阴轴排端主轴承 16—密封套 17—活塞 18—活塞压板 19—吸气端垫片 20—活塞缸体垫片 21—活塞缸体 22—排气端垫片 23—排气端座垫片 24—轴封盖 25—阴转子轴承压盖 26—排气法兰 27—排气法兰垫片 28—补气法兰垫片 29—补气方法兰 30—螺旋导管衬套 31—螺旋导杆 32—联轴器键 33—压板 34、37、44、49、56、105—垫圈 35、41、48、71、72、75、80~84、91、99、102、106、130—螺钉 36、112~117、129—垫片 38、45、55—螺母 39—滑阀导块轴 40、50—销 42—导块轴垫片 43—滑阀导块 46—挡圈 47、51、62、69、132、134—O 形密封圈 52—密封环 B 53—密封环 A 54—滚动轴承 57—阴转子轴承压套 58—F 碟簧 59—阳转子轴承压套 60—M 碟簧 61—轴套 63—活塞缸体盖板 64—深沟球轴承 65—轴用弹性挡圈 66—挡圈 67—螺旋杆压板 68—密封垫 70—压板 A 73—传动套 74—能量指针 76—防护罩 77—指示板 78—帽盖 79—销 85、86—销 87—指示器座 88—指示器座角铁 89—垫板 90—端子盘 92—长支腿 93—短支腿 94—传动套 95—微动开关凸轮（乙） 96—微动开关凸轮（甲） 97—微动开关定位板 98—微动开关 100—电位计支座 101—电位器 103—指针盘 104—指针 107—指示器盖 108—指示器盖玻璃 109—挡圈 110—轴封 111—直型接头 118~121—接头组 122—定位螺栓 123、124—螺塞 125—接头组 126—阳轴排端主轴承 127—排气端盖垫片 128—轴承压盖 131—排气端盖 133—外隔圈

3）定位销拆去后，将吸气端座移离机体。

4）拆去阴转子孔密封盖13。

5）要拆吸气端主轴承 6，首先要先拆去相应挡圈 46，然后从转子侧推出轴承。如须用锤子来拆下轴承，用木块或类似的东西垫在上面以免损坏。

6）记录拆吸气端座时拆下的定位销位置，组装时请安装在原有位置。

7）滑动轴承的基本检查事项

8）检查 O 形密封圈是否有损坏，若有必要，更换新的。

9）检查轴承的内圈，看是否有异物附着在轴承金属上。

10）检查轴承的尺寸。

4. 推力轴承的拆卸与检查

（1）推力轴承的拆卸步骤与注意事项

1）将碟簧 58、60 与轴承压套 57、59 取出。

2）将螺母 55 上的止动垫圈 56 的止动齿弄直，拆去螺母。推力轴承内圈与轴之间为间隙配合。

3）将一段直径为 2mm 左右的带有小勾的钢丝插入轴承外圈与轴承压套（57、59）之间，勾住轴承压套并将其拉出。

4）轴承隔圈 7 位于轴承之后。零件上都做了标记以区分哪些是阴转子的，哪些是阳转子的。将相关的零件放在一起以免混淆。不正确的装配将导致配合尺寸上的错误，引起压缩机故障。

（2）推力轴承的基本检查事项

1）彻底地清洁轴承 54 并吹干。

2）检查轴承的滚珠及保持架。轴承应光亮，保持架上无毛刺。检查滚珠与保持架之间的间隙。

3）水平地抓住内圈，迅速旋转外圈。如果手指感觉有不正常的振动，则须进一步地仔细检查。振动有可能是由于加工残渣或轴承的异常引起。

4）虽然轴承的实际运行寿命取决于操作环境，原则上轴承应该每运行 3 年进行一次拆检。如果轴承有任何划伤，即使是最轻微的划伤，也要更换。

5. 滑动轴承的装配

滑动轴承的装配步骤及注意事项如下。

1）主轴承（6、15、126）采用过盈配合，用挡圈 46 来固定主轴承。如果轴承需要敲进去，需要用木块或塑料块垫上。

2）吸、排气端座主轴承在压装时应注意油槽位置按照设计要求角度压装。

3）装上固定轴承的挡圈。

6. 推力轴承的装配

向心推力球轴承（滚动轴承）的装配步骤及注意事项如下：

1）装轴承隔圈 7。

2）装滚动轴承 54，注意滚动轴承使用时成对使用，背靠背，按轴承标记方向安装。

3）在阴阳转子滚动轴承 54 外安装圆螺母 55、止动垫圈 56。注意止动垫圈应安装在两个螺母 55 之间。

4）用工具撬起止动垫圈 56 的止动齿，使其卡紧圆螺母 55 的齿槽。

五、思考与练习

1. 螺杆式制冷压缩机的基本结构由哪几部分组成？
2. 轴封的拆卸与装配按什么步骤进行？
3. 轴承有哪些基本检查事项？

实训十一　螺杆式制冷压缩机能量调节指示器的拆卸与装配

一、实训目的

通过本实训的学习，学生应掌握螺杆式制冷压缩机能量调节的方法、原理，同时在掌握螺杆机能量调节装置的基本结构的基础上，能够进行能量调节指示器在机体上的拆卸和装配操作。

二、实训要求

1. 掌握螺杆式制冷压缩机能量调节的原理。
2. 掌握螺杆式制冷压缩机能量调节装置的基本结构。
3. 掌握螺杆式制冷压缩机能量调节装置的拆装操作。

三、实训设备和工具

（一）实训设备及配件

LG20 压缩机头　　　　　　　　一个
能量调节指示器　　　　　　　　一套

（二）实训工具

扳手、螺钉旋具、吊环螺钉、方木、尖嘴钳等。

四、实训内容

（一）相关理论

1. 滑阀能量调节的基本原理

螺杆式制冷压缩机输气量调节的方法主要有吸入节流调节、转停调节、变频调节、滑阀调节、塞柱阀调节等。目前使用较多的为滑阀调节和塞柱阀调节。滑阀能量调节方式是螺杆式制冷压缩机使用最广泛的一种能量调节方式，属于旁通调节。

滑阀调节的基本原理，是通过滑阀的移动使压缩机阴、阳转子的齿间基元容积在齿面接触线从吸气端向排气端移动的前一段时间内，通过滑阀回流孔仍与吸气孔口相通，并使部分气体回流到吸气孔口。即通过改变转子的有效工作长度，来达到输气量调节的目的。

图 4-10 所示为滑阀调节的原理图，图 4-11 所示为滑阀满载与轻载的结构图。其中图 4-10a 和图 4-11a 为全负荷的滑阀位置，此时滑阀的背面与滑阀固定部分紧贴，压缩机运行时，基元容积中的气体全部被压缩后排出。而在调节工况时滑阀的背部与固定部分脱离，形成回流孔，如图 4-10c 和图 4-11b 所示，基元容积在吸气过程结束后的一段时间内，虽然

已经与吸气孔口脱开，但仍和旁通口（回流孔）连通，随着基元容积的缩小，一部分进气被转子从旁通口中排回吸气腔，压缩并未开始，直到该基元容积的齿面密封线移过旁通口之后，所余的进气（体积为 V_p）才受到压缩，因而压缩机的输气量将下降。滑阀的位置离固定端越远，旁通口长度越大，输气量就越小，当滑阀的背部接近排气孔口时，转子的有效长度接近于零，便能起到卸载起动的目的。

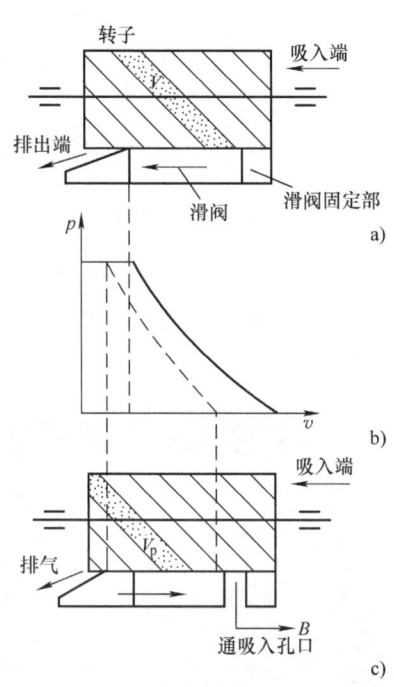

图 4-10 滑阀位置与负荷关系

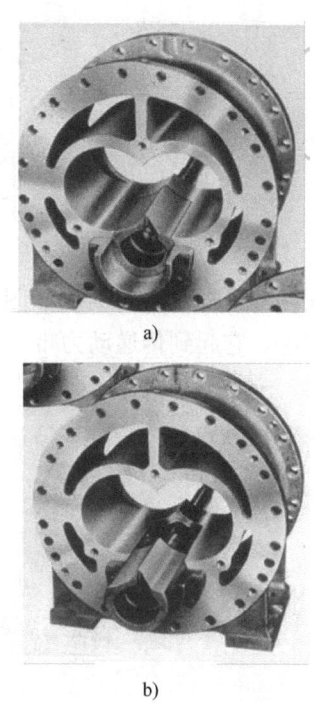

图 4-11 滑阀满载与轻载结构图

2. 滑阀能量调节装置的结构

滑阀能量调节机构由执行机构、控制机构和指示机构三部分组成，如图 4-12 所示。执行机构包括滑阀、滑阀顶杆、活塞、液压缸、压缩弹簧及端座。控制机构为油路及输气量调节控制阀。指示机构为输气量调节指示器。

（1）滑阀能量调节的执行机构 滑阀能量调节的执行机构是在控制机构的指令下，移动滑阀的位置、调整旁通口的大小，从而改变压缩机的负荷。执行机构主要包括滑阀、滑阀顶杆、顶杆弹簧、活塞、液压缸及端座等。

滑阀结构如图 4-13 所示，放置于气缸体下部的滑阀移动腔内，它的上部是两个圆弧形状，与机体共同形成 ∞ 形密封容积。滑阀可以在其内拖动，下部设置了安装销键的槽，保证在运动过程中不会发生转动。滑阀一端为排气端，一端与滑阀导管相连。

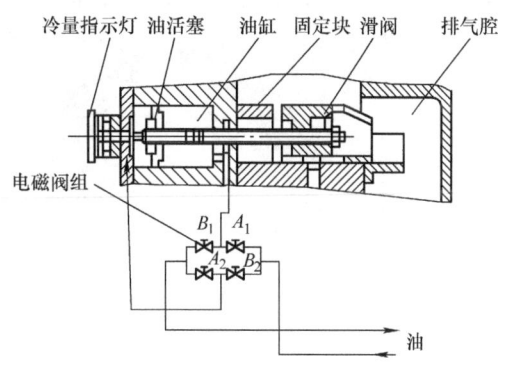

图 4-12 滑阀能量调节机构

图 4-13 滑阀

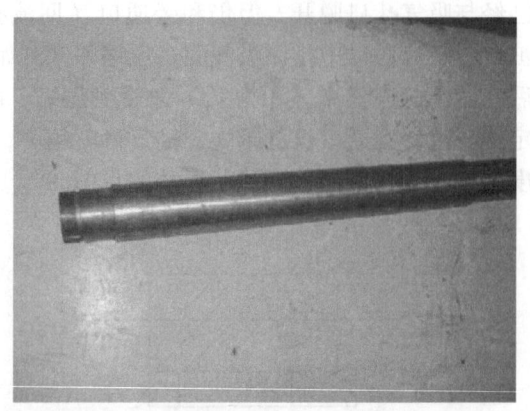

图 4-14 滑阀顶杆

滑阀顶杆和顶杆弹簧的结构如图 4-14、图 4-15 所示，滑阀顶杆一端与滑阀相连，另一端与活塞相连。它起到传递动力带动滑阀移动的作用。滑阀顶杆外部套有弹簧，弹簧的一端卡在滑阀上，一端卡在机体上，在空载时弹簧处于自然状态，其连接如图 4-16 所示。

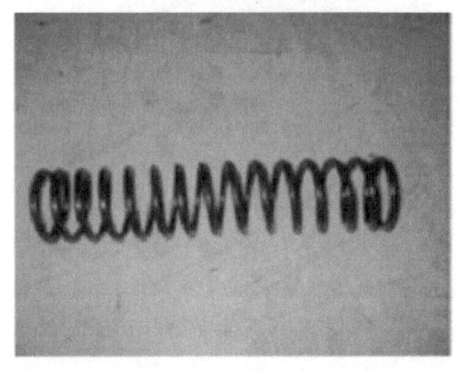

图 4-15 顶杆弹簧

图 4-16 滑阀、滑阀顶杆、顶杆弹簧连接图

活塞如图 4-17 所示，活塞放置在能量调节液压缸内，中间有一道密封圈，这样就将液压缸分成两个封闭的腔室：上载腔和卸载腔。如果两封闭腔室压力不同，那么活塞就向压力低腔室移动，又因为它与滑阀导杆连在一起，所以又会带动导杆以及滑阀的移动。

a) b)

图 4-17 活塞

（2）滑阀能量调节的控制机构　滑阀的调节是靠滑阀的移动来实现的，而滑阀的移动是靠活塞的移动推动的，能量调节的控制机构就是控制活塞运动的装置。

四通电磁换向阀组控制的工作原理如图 4-12 和图 4-18 所示，滑阀同液压缸的活塞连成一体，由液压泵供油推动活塞来带动滑阀沿轴向左右移动，供油过程的控制元件是电磁换向阀组。电磁换向阀组由两组电磁阀构成，电磁阀 a 和 b 为一组，电磁阀 c 和 d 为另一组。每组的两个电磁阀通电时同时开启，断电时同时关闭。

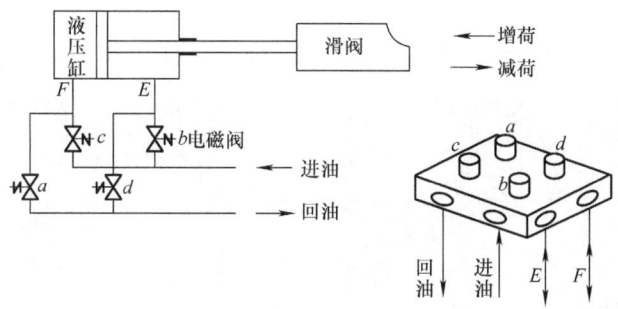

图 4-18　四通电磁换向阀组的控制

电磁换向阀组控制输气量调节滑阀的工作情况如下：电磁阀 a 和 b 开启、c 和 d 关闭，高压油通过电磁阀 b 进入液压缸右侧，使活塞左移，活塞左侧的油通过电磁阀 a 流回压缩机的吸气部位。当压缩机运转负载增至某一预定值时，电磁阀 a 和 b 关闭，供油和回油管路都被切断，活塞定位，压缩机即在该负载下运行。反之，电磁阀 c 和 d 开启、a 和 b 关闭，即可实现压缩机减载。这种情况下，滑阀的增、减载是在油压差的作用下完成的。

（3）滑阀能量调节的指示机构　压缩机在不同的载位与滑阀的位置有关系，而由于滑阀安装在压缩机内部，在检测压缩机载位时不可能监测到滑阀的位置，所以若要检测压缩机的负荷，还需要其他部件如螺旋导管、喷油导杆等将滑阀的直线运动转变为旋转运动，并用指针表示出来。能量指示器的结构如图 4-19 所示。

图 4-19　能量调节指示器

(二) 实训步骤

滑阀能量调节机构的拆卸与装配参照图 4-9 所示螺杆式制冷压缩机爆炸图。

1. 能量调节指示器的拆卸

当拆卸压缩机时，能量指示器应作为部件拆除。能量指示部件分为自动型与手动型两种，此处以自动型能量指示部件为例，具体拆卸步骤为：

1）将指示器上的电线拆去，拆去固定指示器盖 107 的三个螺栓，如图 4-20 所示。

2）拆下指示器盖 107，指示器盖玻璃 108，挡圈 109。注意不要碰碎指示器盖玻璃。

3）拆除相应螺钉即可拆除指针 104 以及指针盘 103、电位器 101、微动开关凸轮 95、96 等零件，如图 4-21 所示。

4）拆除指示器座 87 与活塞缸体盖板 63 固定的螺钉，沿着与活塞缸体 21 平行的方向拉出其余指示器零件。

5）拆除将微动开关 98 固定于指示器座上 87 的螺钉即可将微动开关拆下。

图 4-20　拆卸指示器盖　　　　　　图 4-21　拆卸指针等

2. 能量调节指示器的装配

能量指示器的装配步骤与能量指示器的拆卸步骤相反，为保证安装后的压缩机能够正常运转，在安装时需要一些检查和定位操作。此处以自动型能量指示部件为例，具体装配步骤为：

1）用螺钉将端子盘 90、微动开关 98 固定在指示器座上。装上支腿 92，注意支腿有长短之分，此处安装的为长支腿。注意左侧微动开关下需加装微动开关定位板 97。

2）将组装好的部件用螺钉安装在活塞缸体盖板 63 上。

3）安装微动开关凸轮甲 96、乙 95，甲在外，乙在里。

4）安装电位器 101，电位器上的销需与凸轮槽配合。

5）安装短支腿 93、指针盘 103 以及指针 104 等，然后将组件用螺钉固定在活塞缸体 21 上。

6）用高压风分别连接活塞进油孔和回油孔。开通一个阀门使压缩机减载，然后关闭。开通另一个阀门使压缩机增载。听滑阀是否达到满载位置。观察指针位置，验证螺旋导杆 31 导程是否正确，如图 4-22 所示。

7）将压缩机调节到零载位，调整凸轮乙 95 凹槽与靠近底座的微动开关 98 配合，锁紧其上螺钉，保证凸轮乙与传动套 94 没有相对运动。

8）调节压缩机到满载位，调整微动开关凸轮甲 96 凹槽与另一微动开关 98 配合，锁紧螺钉，保证两凸轮没有相对运动。

9）装配能量指示器盖 107。

10）在整个安装过程结束后，在阳转子 2 端部拧上一个螺钉，用内六角扳手盘动，看是否灵活，如图 4-23 所示。

图 4-22　用高压风验证导杆导程　　　　图 4-23　安装阳转子端螺钉

五、思考与练习

1. 螺杆式制冷压缩机的滑阀能量调节装置由哪些结构构成？
2. 讲述螺杆式制冷压缩机能量调节指导器的拆卸步骤。
3. 讲述螺杆式制冷压缩机能量调节指示器安装时如何验证螺旋导杆 31 导程。

实训十二　螺杆式制冷压缩机的整机拆卸

一、实训目的

通过本实训的学习，学生应巩固掌握螺杆式制冷压缩机的整体结构，同时在掌握螺杆机整体结构的基础上，能够进行开启螺杆式制冷压缩机的整机拆卸和装配，并进行基本检查。

二、实训要求

1. 掌握螺杆式制冷压缩机的整机结构。
2. 掌握开启螺杆式制冷压缩机的拆卸的步骤并能合作拆卸。
3. 了解螺杆式制冷压缩机拆卸时的注意事项。

三、实训设备和工具

（一）实训设备及配件：
LG20 压缩机头　　　　　　　　　　一个
（二）实训工具：
扳手、螺钉旋具、吊环螺钉、方木、尖嘴钳、螺杆式制冷压缩机专用检修工具等。

四、实训内容

（一）相关理论
螺杆式制冷压缩机按密封方式不同也分为开启式螺杆机、半封闭式螺杆机和全封闭式螺杆机。开启螺杆式制冷压缩机广泛应用于石油、化工、制药、轻纺、科研方面的低温试验。应用于食品、水产、商业的低温加工贮藏和运输。应用于工厂、医院及公共场所等大型建筑的空气调节等。因为它有自己的特点，所以一般以压缩机组形式出售。

现以 LG20 型压缩机为例，介绍其整体结构，如图 4-24 所示。

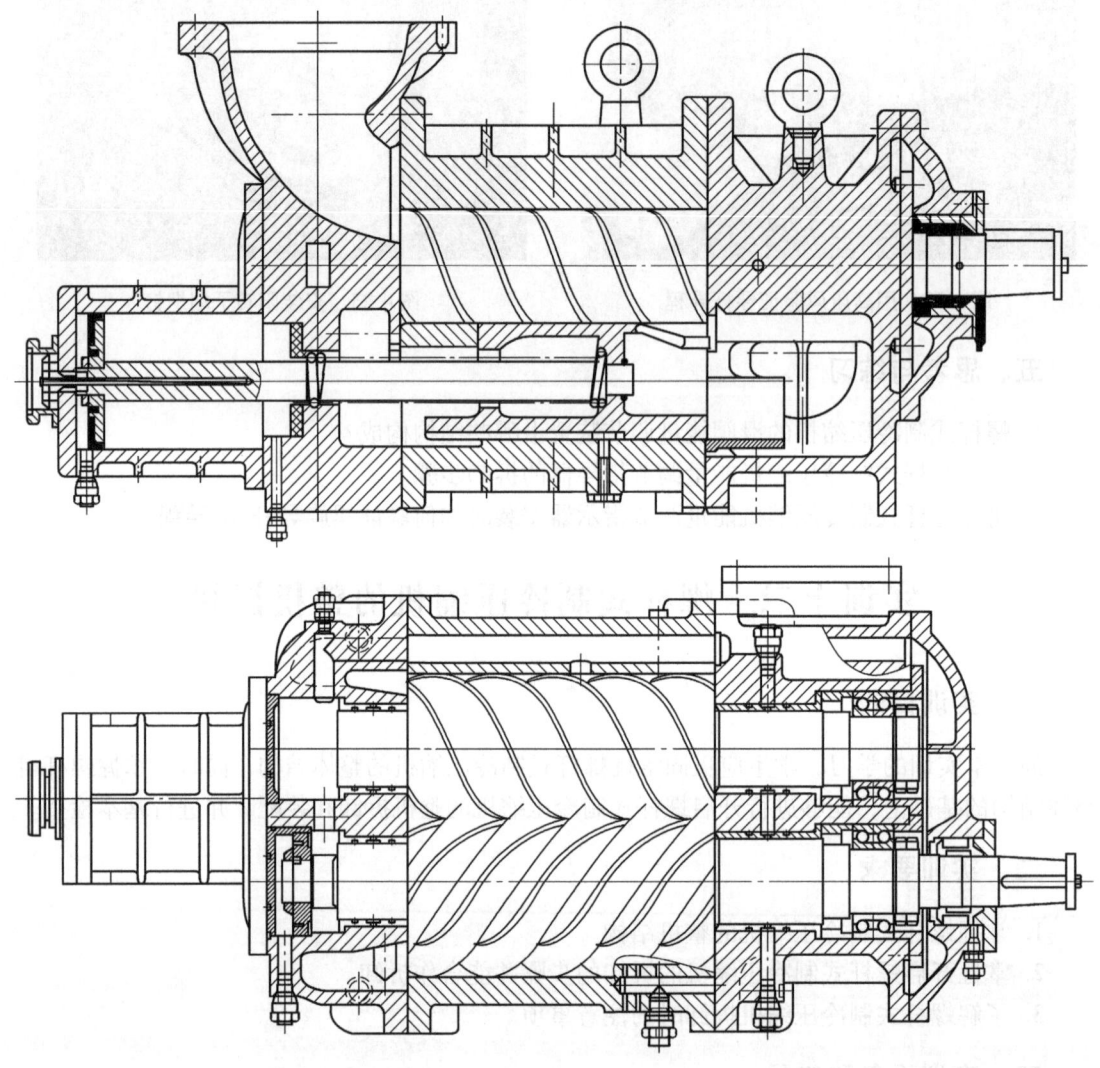

图 4-24　LG20 螺杆机机头内部结构

制冷剂为 R717，转子公称直径 D_1 为 200mm，转子长径比（长导程转子）为 1.5，主动转子额定转速为 2960r/min，标准工况制冷量 Q_0 为 581.5kW，配用电动机功率为 220kW。

电动机通过压缩机的联轴器与阳转子连接，然后由阳转子带动阴转子转动。机壳为垂直剖分式，中部为机体，前端（功率输入端）与排气端座及排气端盖相连，后端与吸气端座及吸气端盖相接，如图 4-25 所示。

机体也称为气缸体，是连接各零部件的中心部件，它为各零部件提供正确的装配位置，保证阴、阳转子在气缸内啮合，可靠地进行工作。其端面形状为"∞"字形，这与两个啮合转子的外圆柱面相适应，使转子精确地装入机体内。机体内腔上部靠吸气端有径向吸气孔口，它是依照转子的螺旋槽形状铸造而成的。机体内腔下部留有安装移动滑阀的位置，还铸有输气量调节旁通口，机体的外壁铸有肋板，可提高机体的强度和刚度，并起散热作用。

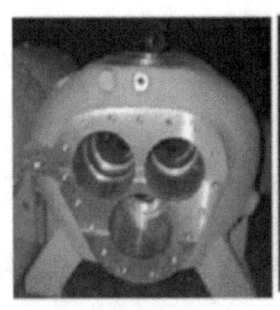 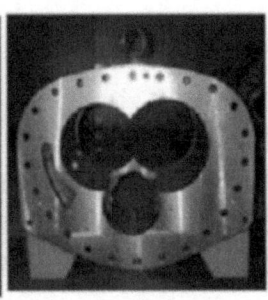 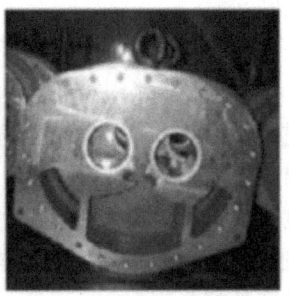

a) 吸气端座　　　　　　　b) 机体　　　　　　　c) 排气端座

图 4-25　机壳部件立体图

　　吸气端座上部铸有吸气腔，与其内侧的轴向吸气孔口连通，装配时轴向吸气孔口与机体的径向吸气孔口连通。轴向吸气孔口的位置和形状大小，应能保证基元容积最大限度的充气，并能使阴转子的齿开始侵入阳转子齿槽时，基元容积与吸气孔口断开，其间的气体开始被压缩。吸气端座中部有安置后主轴承的轴承座孔和平衡活塞座孔，下部铸有输气量调节用的液压缸，其外侧面与吸气端盖连接。

　　排气端座中部有安置阴、阳转子的前主轴承及推力轴承的轴承座孔，下部铸有排气腔，与其内侧的轴向排气孔口连通。轴向排气孔口的位置和形状大小，应尽可能地使压缩机所要求的排气压力完全由内压缩达到，同时，排气孔口应使齿间基元容积中的压缩气体能够全部排到排气管道。轴向排气孔口的面积越小，则获得的内容积比（内压力比）越大。装配时，排气端座的外侧面与排气端盖连接。

　　转子的齿形为单边不对称摆线圆弧齿形，阳转子与阴转子的齿数配置为 4∶6。两转子通过主轴承和向心推力球轴承支承在机壳中，径向负荷主要由主轴承承受，阴转子的轴向负荷由向心推力球轴承承受，阳转子的轴向负荷较大，由其前端的向心推力球轴承和后端的平衡活塞共同承受。

　　压缩机的能量调节采用滑阀式能量调节机构。滑阀的前端开有径向排气孔口，与机壳排气腔连通。滑阀底面开有导向槽，与机体内的滑阀导向块配合，以保证滑阀平稳地移动。滑阀做成中空，阀背上钻有喷油孔。滑阀、滑阀导管、开有螺旋槽的套管和活塞连成一体，一同作往复运动。与喷油管固连的销插入套管的螺旋槽内，当滑阀往复移动时，使喷油管转动，滑阀的位移量与喷油管的转角成正比变化，因而由喷油管带动的能量调节指示器可示出能量调节负荷的大小。喷油管、滑阀导管和能量调节滑阀的中空部分构成向转子齿间容积喷油的通道。压缩机的能量调节滑阀有一固定部分，为适应不同的运转工况，采用更换滑阀的方法来调节内容积比。

　　该压缩机的轴封为摩擦环式轴封装置，装在阳转子轴的功率输入端。

（二）实训步骤

　　螺杆式制冷压缩机整机的拆卸操作也是以烟台冰轮集团 LG20 机型为例，其结构爆炸图如图 4-9 所示。

1. 整机拆卸前准备工作与注意事项

1）设备拆检、维修时，确保与驱动设备的连接断开，并保证驱动设备停止运行。并将所有电源切断。

2）设备拆检、维修，必须保证部件内外无制冷剂和冷冻润滑油，以免引起火灾和人身伤害。

3）在拆卸压缩机前，确保压缩机内部压力与大气压力相同。

4）螺杆式制冷压缩机除轴封、能量调节指示器之外的其他部件拆卸及检验工作只有当压缩机从机组上拆下，并放置到一个足够大的适于拆卸的地方才能进行。

5）普通的工具如锤、扳钳、锉刀、刮刀、砂纸同压缩机提供的随机工具一样，应在拆卸工作之前准备好。

6）应准备好干净的润滑油、抹布。

7）由于压缩机中有很多较重部件，在吊装这些部件时要注意安全，防止部件掉落造成人身伤害。

8）拆卸与装配工作应该在牢固放置并足够大的工作台上进行，同时确保工作环境干燥，无灰尘。

9）所有拆卸下的零件全部标记所在位置顺序，妥善收好，否则无法进行组装。

2. 整机拆卸的步骤

螺杆式制冷压缩机整机拆卸的步骤也是从整机到部件、从部件到零件的顺序进行的。从整机到部件的拆卸步骤为：

1）拆卸轴封部件。

2）拆卸能量指示部件。

3）拆卸活塞缸体盖板。

4）拆卸活塞及活塞缸体。

5）拆卸排气端盖。

6）拆卸平衡活塞。

7）拆卸轴承压盖。

8）拆卸滑阀、转子及机体。

9）拆卸吸气端座及轴承。

10）拆卸推力轴承。

11）拆卸排气端座及主轴承。

轴封部件及能量调节指示部件的拆卸操作已在实训十和实训十一中介绍，这里省略。

3. 拆卸活塞缸体盖板

活塞缸体盖板 63 与螺旋杆压板 67 间有轴承 64，螺旋杆 31 与螺旋杆压板 63 间有 O 形密封圈 69。轴承 64 及螺旋杆压板 67 安装在活塞缸体盖板 63 上，位于活塞缸体 21 的末端。这些部件如果没有异常（如泄漏），不必拆卸。如需拆卸此部件结构，可参考步骤 3~6。活塞缸体盖板的拆卸顺序为：

1）拆除固定活塞缸体盖板 63 的螺钉。

2）沿与活塞缸 21 轴线平行的方向拉出活塞缸体盖板。

3）松开内六角头螺钉,拆去螺旋杆压板 67。

4）这样,压板 A70、O 形密封圈 62、密封垫 68 也一并拆下,拆除压板 A70 相关螺钉即可更换 O 形密封圈。

5）拆下挡圈 65、66,拆卸深沟球轴承 64,如图 4-26 所示。

6）检查螺旋杆压板 67 上的沟槽是否有损坏及异常的磨损,必要的话可更换。

图 4-26　拆卸球轴承

4. 拆卸活塞及活塞缸体

活塞及活塞缸体的拆卸步骤为:

1）将活塞 17 拉到满负荷位置。将锁紧螺母上的锁紧垫圈止动齿弄直。

2）用随机工具中的锁紧螺母扳手卸去锁紧螺母。

3）将两个吊孔螺钉固定到活塞 17 的螺钉孔中,利用其拉出活塞。

4）另外,可以通过拆去螺钉及定位销,将活塞缸体盖板 63 与活塞缸体 21 作为一个部件从吸气端座 5 上拆下。

5）记录拆活塞缸体 21 时拆下的定位销的位置,组装时安装在原有位置。

5. 拆卸排气端盖

排气端盖的拆卸步骤为:

1）拆除将排气端盖 131 固定到排气端座上的螺钉,留下一个顶部的螺钉以防压盖突然掉下。

2）拆下最后一个螺钉。如果垫片黏到排气端盖或排气端座 14 上,用小锤轻敲盖的侧面使垫片脱落。

3）记录拆排气端盖 131 时拆下的定位销位置,组装时请安装在原有位置。

6. 拆卸平衡活塞

平衡活塞的拆卸步骤为:

1）拉出平衡活塞套 12。由于有间隙,很容易完成。

2）拆去 O 形密封圈 134。

3）将固定平衡活塞 10 的螺母的锁紧垫圈止动齿弄直,用随机工具中的螺母扳手卸去螺母。

4）用吊孔螺栓将平衡活塞 10 沿与轴平行的方向拉出,平衡活塞的销 11 将留在键槽中,如图 4-27 所示。

5）如果还想拆去轴承 6，要拆去内部的挡圈 46。

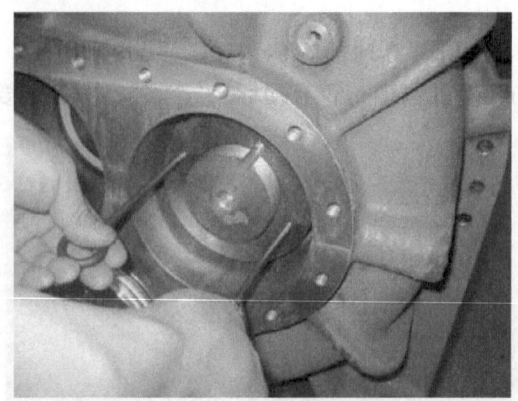

图 4-27　用吊孔螺杆拆卸平衡活塞

7. 拆卸轴承压盖

轴承压盖的拆卸步骤为：

1）拆去轴承压盖 25、128 的固定螺钉。

2）在轴承压盖 25、128 上的对称点处攻有不通螺纹孔。平衡地装上螺钉以便压起轴承压盖。当间隙足够以后，用小铲将垫片从法兰面上剥离，注意不要损坏垫片。

3）取出碟簧 58、60 以及轴承压套 57、59。

8. 拆卸滑阀、转子及机体

滑阀、转子及机体的拆卸步骤为：

1）由于螺杆压缩机的转子 2、3 很重，当拆卸转子时需要用麻绳或尼龙带。当清洗机体 1 时，用绳子将转子以及排气端座 14 悬挂起来，连同排气端座一起从机体中拉出，如图 4-28 所示。

图 4-28　拆卸转子与机体

2）注意不要碰坏吸气端座 5 内的主轴承 6。

3）不要将转子 2、3 直接放在地板上，否则会损坏齿边。将转子轴放在支架上。

4）握住滑阀 4，将滑阀拉出机体 1。

5）滑阀导管 8 末端有一个螺母，将它拆下，然后拆下锁紧垫圈。

9. 拆卸吸气端座及滑动轴承

吸气端座及滑动轴承的拆卸步骤为：

1）拆去将吸气端座 5 固定于机体 1 上的所有螺钉。

2）将一些螺钉装到机体 1 侧的不通螺纹孔中，以平衡地顶开吸气端座 5。螺钉应该交替地一点点地拧紧，使吸气端座 5 均匀顶起。

3）定位销拆去后，将吸气端座 5 移离机体 1。

4）拆去阴转子孔密封盖 13。

5）要拆滑动轴承 6，首先要拆去挡圈 46，然后从转子侧推出轴承。如需用锤子来拆下轴承，要用木块或类似的东西垫在上面以免损坏。

10. 拆卸推力轴承

推力轴承 54 是压缩机中最重要的部件之一。压缩机性能取决于正确的安装及推力轴承的调节，否则将导致操作故障。因此装配及拆卸轴承时一定要特别地小心。

该轴承在确定转子的排气端面与轴承座之间的间隙方面起着很重要的作用。推力轴承的拆卸步骤如下：

1）将碟簧 58、60 与轴承压套 57、59 取出。

2）将螺母 55 上的止动垫圈 56 的止动齿弄直，拆去螺母。

3）推力轴承内圈与轴之间为间隙配合。将一段直径为 2mm 左右的带有小勾的钢丝插入轴承外圈与轴承压套 57、59 之间，勾住轴承压套并将其拉出。

4）轴承隔圈 7、25 以上机型还带有轴承外隔圈 133 位于轴承之后。零件上都做了标记以区分哪些是阴转子的，哪些是阳转子的。将相关的零件放在一起以免混淆。不正确的装配将导致配合尺寸上的错误，引起压缩机故障。

11. 拆卸排气端座及主轴承

一般来说，压缩机的这一部分不需要进一步的拆卸，因为排气端座与机体拆开之后基本没有什么零件了，如无需要可保持该状态。

为了拆出主轴承，用钳子先拆去轴承盖侧的挡圈，然后拉出主轴承。如果轴承装得很紧，用锤子垫着木块敲出，不要用锤子直接敲击轴承。检查轴承内径及转子轴外径以确定是否有异物附着在轴承上。

五、思考与练习

1. 螺杆式制冷压缩机的机体由哪几部分构成？各自上面加工有什么结构？
2. 讲述螺杆式制冷压缩机的拆卸步骤。
3. 螺杆式制冷压缩机的拆卸中有哪些注意事项？

实训十三　螺杆式制冷压缩机的整机装配

一、实训目的

通过本实训的学习，学生应巩固掌握螺杆式制冷压缩机的整体结构，同时在掌握螺杆机整体结构的基础上,能够进行开启螺杆式制冷压缩机的整机装配。

二、实训要求

1. 掌握螺杆式制冷压缩机的整机结构。
2. 掌握开启螺杆式制冷压缩机的装配的步骤并能合作装配。
3. 了解螺杆式制冷压缩机装配时的注意事项。

三、实训设备和工具

(一)实训设备及配件

LG20 压缩机头　　　　　　　　　　　一个

(二)实训工具

扳手、螺钉旋具、吊环螺钉、方木、尖嘴钳、螺杆机专用检修工具等。

四、实训内容

拆卸、检查及其他必要的修理工作结束之后,压缩机就要进行正确的重装。重装本质上与拆卸的工作正好相反。在重装之前所有的工具及零件都要进行彻底地清洗,零件用压缩机油处理。具体装配步骤为:

1) 装配排气端座、吸气端座及主轴承。
2) 装配吸气端座、机体、滑阀以及活塞。
3) 装配转子、排气端座及推力轴承。
4) 装配轴承压盖。
5) 装配吸气端、机体组件与排气端组件。
6) 装配轴封。
7) 装配平衡活塞及液压缸体。
8) 装配活塞缸体盖板。
9) 装配能量调节指示器。

轴封部件及能量调节指示部件的拆卸操作已在前文介绍,这里省略。

1. 装配排气端座、吸气端座及主轴承

由于排气端座为较重部件,在吊装时要注意安全,防止部件掉落造成人身伤害。具体装配顺序为:

1) 主轴承 6、15、126 是过盈配合。用挡圈 46 来固定主轴承。如果轴承需要敲进去,用木块或塑料块垫上。注意排气端主轴承 15、126 排气口位置与排气端排气口对齐,吸、排气端座主轴承在压装时注意油槽位置,应按照设计要求角度压装。

2) 装上固定轴承的挡圈。

3) 吸气端座主轴承安装与排气端座相同。

2. 装配吸气端座、机体、滑阀以及活塞

1) 将滑阀 4 装入机体 1,注意与滑阀导块轴 39 及滑阀导块 43 的配合,保证滑阀可以灵活移动,如图 4-29 所示。

2) 压装好主轴承 6 的吸气端座 5 加垫片 19,为了使垫片紧贴吸气端面,可以均匀涂抹一层防锈油，如图4-30所示。

图4-29 装配滑阀

图4-30 涂抹防锈油

3）将吸气端座5和机体1装到一起。打紧定位销，对称紧固周边螺栓。

4）把滑阀4装到机体里，从另一头装入滑阀导管8，拧紧圆螺母38，撬起圆螺母止动垫圈37的止动齿。

5）将卸载弹簧9装到滑阀导管8上，装入机体1里。

6）把密封套16套上垫片36、O形密封圈69，装到吸气端座5里，并装配密封套螺钉，如图4-31所示。

7）滑阀导管8头部内孔装配螺旋导杆衬套30和螺旋导杆销50。

8）把组装完毕的活塞17装到滑阀导管8上。装止动垫圈和圆螺母。撬起止动垫圈的止动齿，如图4-32所示。

图4-31 装配密封套螺钉

图4-32 别紧止动垫圈

3. 装配转子、排气端座及推力轴承

1）把阴、阳转子3、2旋到一起，并小心的装入排气端座14。注意不得碰撞，并保持转子表面的清洁。

2）装轴承隔圈7。

3）装滚动轴承54，注意滚动轴承使用时成对使用、背靠背，按轴承标记方向安装。

4）将阴、阳转子滚动轴承54外安装圆螺母55、止动垫圈56拧紧。止动垫圈56装在两个螺母 55 之间。

5）用工具撬起止动垫圈 56 的止动齿，使其卡紧圆螺母 55 的齿槽。

4. 装配轴承压盖

1）装入阴、阳转子轴承压套 57、59。用深度尺量取轴承压套到排气端小端面距离，如图 4-33 所示。

图 4-33　用深度尺测量尺寸

2）量取轴封盖 24 和垫片以及轴封套 61 的高度。这两个高度加上碟簧 60 的自由高度减去轴承压套到排气端小端面距离即为阳转子碟簧预紧量。

3）量取阴转子轴承压盖 25 的高度。计算碟簧 58 预紧量。

4）如果碟簧预紧量大于规定范围，用磨去轴封套 61 高度的方法调整碟簧预紧量。用磨去阴转子轴承压套 57 的高度来调整碟簧预紧量。

5）装排气端座垫片 23。为了使垫片贴紧排气端，涂一些防锈油。

6）装轴封动环。拧紧固定螺钉。装轴封盖上止动销。

7）装配轴封盖 24、阴转子轴承压盖 25，并对称拧紧螺栓。在转子端部拧上一个螺钉，用扳手把住螺栓，盘动转子看转动是否灵活。

5. 装配吸气端、机体组件与排气端组件

1）装机体 1 与排气端垫片 22，为了使垫片贴紧机体，可涂一层防锈油。

2）将排气端座 4 与转子组件仔细吊入机体、吸气端座 5 组件内。

3）阴阳转子 3、2 进入机体孔后，淋一些冷冻润滑油，帮助润滑，将转子轻轻推入。

4）找正销孔位置，用铜棒打紧，然后装螺钉，按对角线拧紧。

5）盘动转子看转动是否灵活。

6. 装配平衡活塞及液压缸体

1）装平衡活塞 10，注意使平衡活塞键槽与转子键槽对齐。

2）装上平衡活塞销 11。

3）装平衡活塞外止动垫圈 44 和圆螺母 45，撬起止动垫圈的止动齿。

4）装平衡活塞套 12，止动销。注意 O 形密封圈 134 不要漏装。

5）装阴转子孔密封盖 13。

6）装活塞缸体垫片 20。为了使垫片贴紧吸气端，可涂一层防锈油。装活塞缸体 21，打入定位销并拧紧螺栓。

7. 装配活塞缸体盖板

1）把滚动轴承 64 装入液压缸体盖板 63 孔内，装孔用弹性挡圈 66。

2）把修研过螺旋槽的螺旋杆 31 穿过轴承内孔，装轴用弹性挡圈 65。

3）装密封垫 68。装螺旋杆压板 67 及 O 形密封圈 69，并将螺钉拧紧。

4）装压板 A70，用螺钉紧固。装传动套 73。

五、思考与练习

1. 讲述螺杆式制冷压缩机的整机装配步骤。
2. 讲述滑阀组件的装配顺序。
3. 讲述轴承压盖的装配顺序。

第五章 离心式制冷压缩机拆装实训

实训十四 离心式制冷压缩机组和组件认知

一、实训目的

通过本实训的学习,学生应认知离心式制冷压缩机组和组件的结构,并为离心式制冷压缩机的拆装和检修奠定基础。

二、实训要求

1. 掌握离心式制冷压缩机的组件构成。
2. 掌握离心式制冷压缩机的组件工作原理。

三、实训器材

1. 实训设备及配件

典型离心式制冷压缩机组一台。

2. 实训工具

组合工具、方木、尖嘴钳、钢丝绳、起重滑车等。

四、实训内容

(一)机组结构认知

机组由离心式压缩机、冷凝器、蒸发器、浮球阀室、制冷剂充注阀、维修阀、干燥过滤器、安全阀、排油阀、压力传感器、蒸发器进出水温度传感器、油位视镜、电动机室、导叶执行机构、辅助配电箱、机载起动柜、电动机主断路器、电动机视镜等构成,如图5-1所示。

图 5-1 机组结构

（二）制冷剂电动机冷却和油冷却循环认知

制冷剂电动机冷却和油冷却循环如图 5-2 所示。

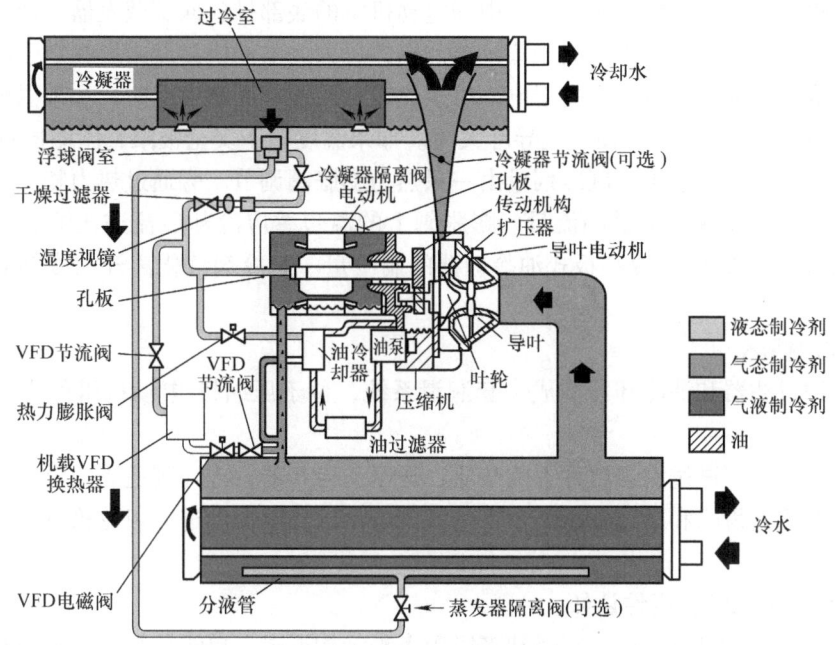

图 5-2　制冷剂电动机冷却和油冷却循环

1. 制冷循环

压缩机不断地从蒸发器中抽出制冷剂蒸汽，气流量由导叶的开启度而定。由于压缩机抽取制冷剂减低了蒸发器的压力，使蒸发器里剩余的制冷剂在相对低的温度（一般为 3~6℃）沸腾蒸发。制冷剂汽化吸取传热管内循环水的热量使之降温，得到空调或工业处理所需的冷水。

吸取循环水中的热量之后，制冷剂蒸汽被吸入压缩机压缩，压缩后制冷剂温度升高，从压缩机排出温度可达 37~40℃，进入冷凝器进行冷凝。

温度相对较低的冷却水（18~32℃）流经冷凝器铜管，带走气态制冷剂的热量，使之冷凝成液态。

液体制冷剂由限流孔进入闪蒸过冷室。由于闪蒸过冷室压力较低，部分液体制冷剂闪蒸为气体，吸取热量后使剩余的液态制冷剂进一步冷却。闪蒸制冷剂气体在冷却水的铜管外再凝结成液体，流至过冷室与蒸发器之间的浮阀室。在浮阀室中一只线性浮动阀形成一道液体密封，防止过冷室的蒸气进入蒸发器。液体制冷剂流过此浮阀时节流，其中一部分由于蒸发器侧压力较低而闪蒸成气体，在闪蒸过程中带走剩余液体的热量，制冷剂回到低温低压状态进行蒸发，又开始制冷循环。

2. 电动机/润滑油冷却循环

电动机和润滑油由来自冷凝器筒身底部的过冷液态制冷剂冷却。由于压缩机运行保持的压差，使制冷剂不断流动。制冷剂流过一只隔离阀，一只过滤器，一只视镜/湿度指示器之后，分流至电动机冷却和油冷却系统。

到电动机的这一路制冷剂经过一只限流孔流进电动机。电动机冷却管路的支路上还有一只限流孔和一只电磁阀,电动机需要冷却时,电磁阀就会开启。流过限流孔,制冷剂就流到喷淋嘴上,喷淋整个电动机。制冷剂集中到电动机室的底部排放回到蒸发器。回气管线上的一只限流孔使电动机室内的压力高于蒸发器油箱的压力。电动机温度由埋在定子绕组内的温度传感器测取。电动机绕组温度高于电动机预先设定所能承受温度点时,如果温度进一步升高到比设定点高 5.5℃,就会使进气导叶关闭。如果温度高于安全极限,压缩机就会关机。

另一路流经油冷却系统的制冷剂量由一只热力膨胀阀调节。旁通过热力膨胀阀的制冷剂经一只限流孔始终保持一个最小流量。膨胀阀上的温包感应冷却后流进压缩机到轴承的油温。由膨胀阀调节进油/制冷剂板式油冷却器的制冷量。制冷剂气化离开油冷却器后返回到蒸发器。

3. 油润滑循环

油泵、油过滤器和油冷却器构成一套润滑系统,位于压缩机-电动机组件齿轮传动箱铸件一端。

润滑油由油泵压进过滤器组件去除杂质,送至油冷却器,冷却到适当的温度,然后分两路:一部分油流到齿轮和高速轴承。余下的流到电动机轴承。油进入齿轮箱下方的油箱完成润滑循环。

(三) 离心式压缩机组件认知

离心式制冷压缩机有单级、双级和多级等多种结构形式。单级压缩机主要由吸气室、叶轮、扩压器、蜗壳等组成,如图 5-3 所示。

对于多级压缩机,还设有弯道和回流器等部件。多级离心式制冷压缩机的中间级如图 5-4 所示。

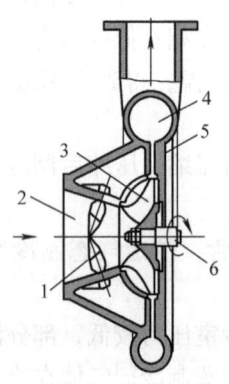
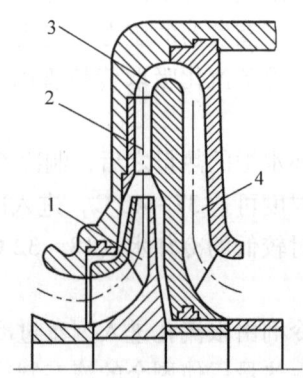

图 5-3　单级离心式制冷压缩机简图　　　　图 5-4　离心式制冷压缩机的中间级
1—进口可调导流叶片　2—吸气室　　　　　1—叶轮　2—扩压器　3—弯道　4—回流器
3—叶轮　4—蜗壳　5—扩压器　6—主轴

级数较多的离心式制冷压缩机中可分为几段,每段包括一到几级。对于多级离心式压缩机,则利用弯道和回流器再将气体引入下一级叶轮进行压缩。

1. 主要零部件的结构与作用

(1) 吸气室　吸气室的作用是将从蒸发器或级间冷却器来的气体,均匀地引导至叶轮的进口。吸气室有轴向进气和径向进气两种形式,如图 5-5 所示。

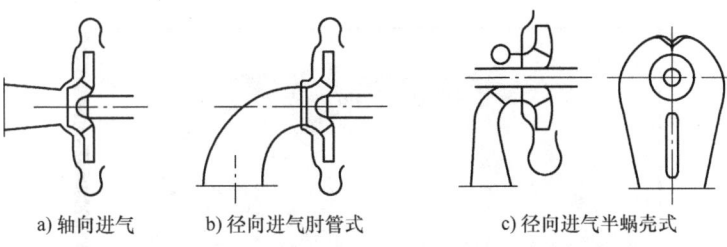

a) 轴向进气   b) 径向进气肘管式   c) 径向进气半蜗壳式

图 5-5　吸气室

(2) 进口导流叶片　进口导流叶片可用来调节制冷量。转动导叶时可采用杠杆式或钢丝绳式调节机构。杠杆式调节机构如图 5-6 所示。图 5-7 所示为钢丝绳式调节机构。

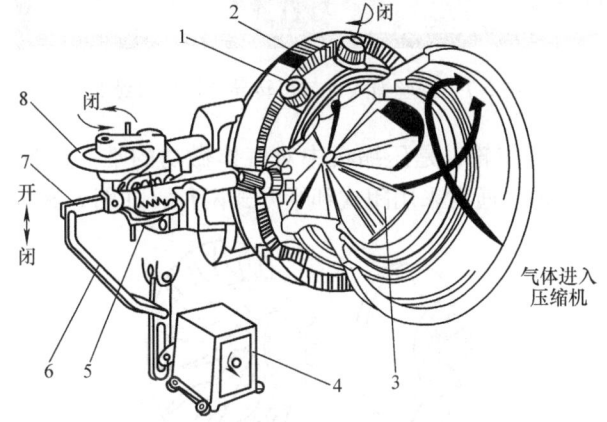

图 5-6　杠杆式进口可转导叶机构

1—小齿轮　2—齿圈　3—转动叶片　4—伺服电动机　5—波纹管　6—连杆　7—杠杆　8—手轮

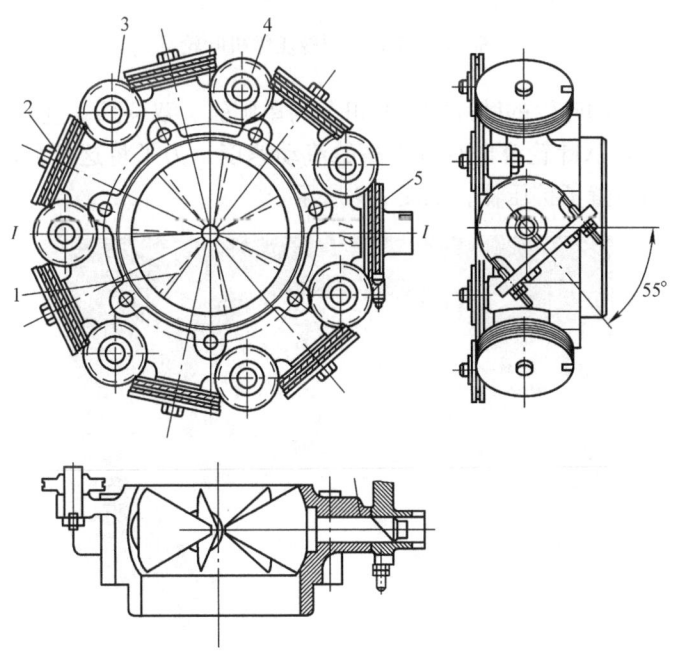

图 5-7　钢丝绳式进口可转导叶机构

1—导叶　2—从动齿轮　3—钢丝绳　4—过渡轮　5—主动齿轮

图 5-7 钢丝绳式进口可转导叶机构（续）

（3）叶轮　叶轮也称工作轮，是压缩机中对气体做功的唯一部件。叶轮按结构形式分为闭式、半开式和开式三种，通常采用闭式和半开式两种，如图 5-8 所示。

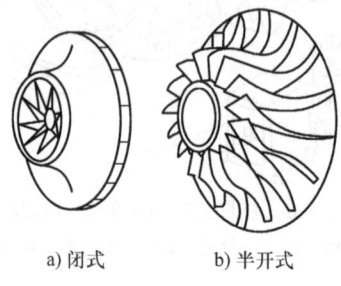

a) 闭式　　　b) 半开式

图 5-8　离心式制冷压缩机叶轮

离心式制冷压缩机的叶轮的叶片按形状可分为单圆弧、双圆弧、直叶片和三元叶片。

（4）扩压器　气体从叶轮流出时有很高的流动速度，为了将这部分动能充分地转变为压力能，在叶轮后面设置了扩压器，如图 5-9 所示。

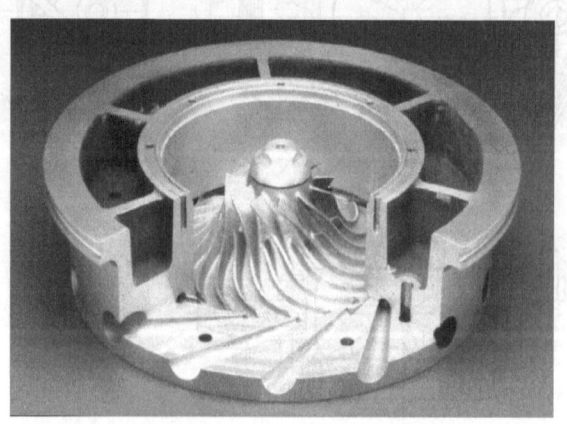

图 5-9　离心式制冷压缩机扩压器

(5) 弯道和回流器　弯道和回流器是为了把由扩压器流出的气体引导至下一级叶轮。

在采用多级节流中间补气制冷循环中，段与段之间有中间加气，因此在离心式制冷压缩机的回流器中，还有级间加气的结构。图 5-10 给出了三种加气形式，图 5-10b、c 所示形式对下一级叶轮入口气流均匀性不利，但可以减少轴向距离。

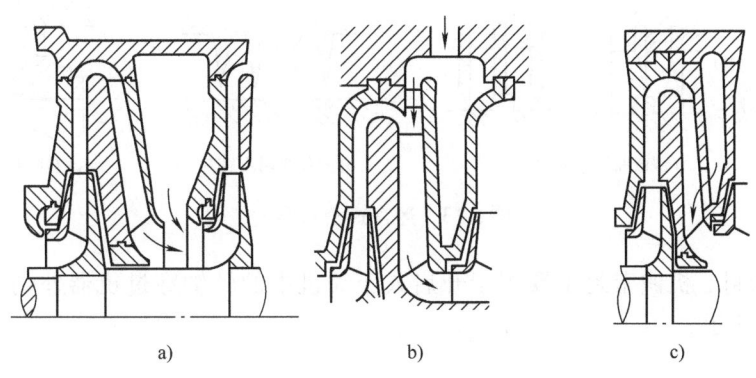

图 5-10　级间加气型回流器

(6) 蜗壳　蜗壳的作用是把从扩压器或从叶轮中（没有扩压器时）流出的气体汇集起来，排至冷凝器或中间冷却器。图 5-11 所示为常用的一种蜗壳形式。蜗壳一般是装在每段最后一级的扩压器之后，也有的最后级不用扩压器而将蜗壳直接装在叶轮之后，如图 5-12 所示。其中图 5-12a 所示为蜗壳前装有扩压器；图 5-12b 所示为蜗壳直接装在叶轮之后；图 5-12c 所示为不对称内蜗壳，是空调用单级机组中常用的形式。蜗壳的横截面常见的有圆形、梯形等。

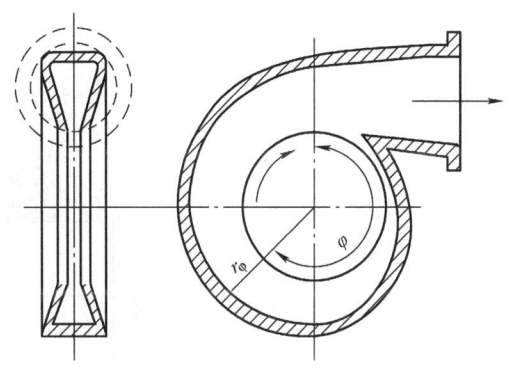

图 5-11　蜗壳

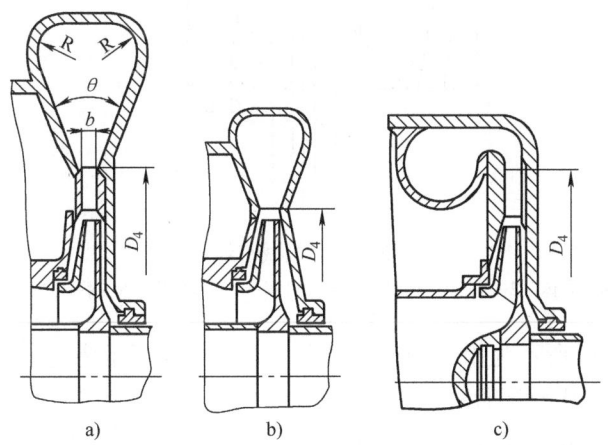

图 5-12　蜗壳的几种布置形式

(7) 密封　离心式制冷压缩机中常用的密封形式有如下几种。

1)迷宫式密封,又称为梳齿密封,主要用于级间的密封,如轮盖与轴套的内密封及平衡盘处的密封。常见的密封形式如图5-13所示。

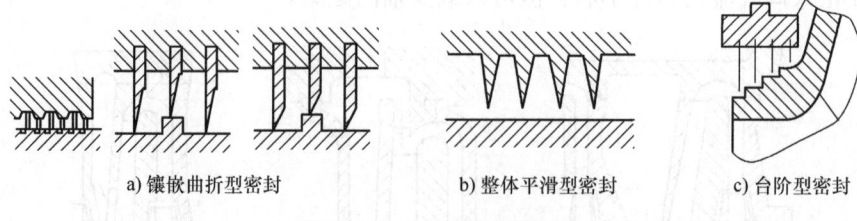

a) 镶嵌曲折型密封　　b) 整体平滑型密封　　c) 台阶型密封

图5-13　迷宫式密封形式

2)机械密封。机械密封主要用于开启式压缩机中的转轴穿过机器外壳部位的轴端密封,如图5-14所示。

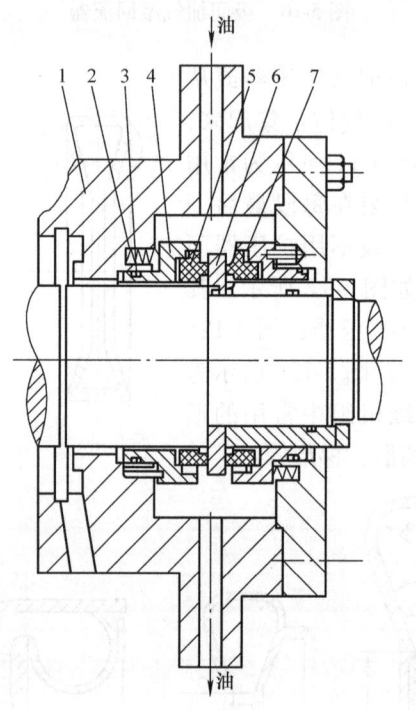

图5-14　机械密封

1—轴封壳体　2—弹簧　3、7—O形密封圈　4—静环座　5—静环　6—动环

3)油封。图5-15a所示为简单的单片油封。图5-15b所示为充气密封。在空调用离心式制冷压缩机上主要采用充气密封。

除上述主要零部件外,离心式制冷压缩机还有其他一些零部件。如:减少轴向推力的平衡盘。承受转子剩余轴向推力的推力轴承以及支撑转子的径向轴承等。

为了使压缩机持续、安全、高效地运行,还需设置一些辅助设备和系统,如增速器、润滑系统、冷却系统、自动控制和监测及安全保护系统等。

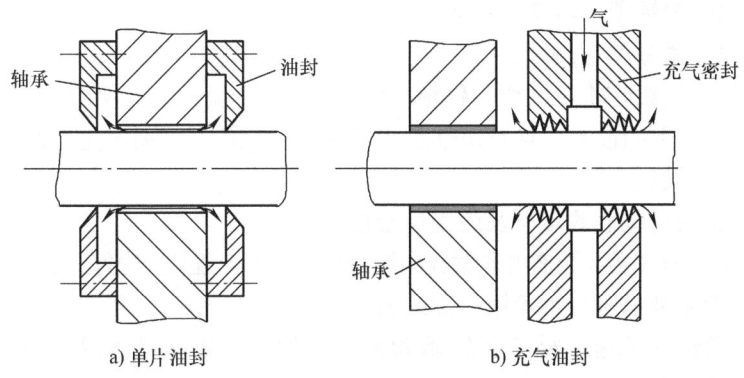

图 5-15　油封

实训十五　离心式制冷压缩机的拆卸和装配

一、实训目的

通过本实训，学生应掌握离心式制冷压缩机的拆卸和装配过程及注意事项，巩固离心式制冷压缩机的结构知识，并为离心式制冷压缩机的检修打下基础。

二、实训要求

1. 掌握离心式制冷压缩机的拆卸和装配步骤，并能合作拆卸和装配。
2. 了解离心式制冷压缩机拆卸和装配时的注意事项。

三、实训器材

1. 实训设备及配件
典型离心式制冷压缩机组一台。
2. 实训工具
组合工具、方木、尖嘴钳、钢丝绳、起重滑车等。

四、实训内容

（一）离心式制冷压缩机的拆卸

离心式制冷压缩机的拆卸步骤如下：
1) 将吸气管拆除。
2) 检查导叶转动，全开至全关是否灵活、导叶叶片转动是否同步一致。
3) 拆除执行机构、杠杆与波纹管，拆下进气座和平衡管、检查气封环与叶轮进气口情况。
4) 拆除蜗壳与齿轮箱连接螺栓。
5) 拆除排气法兰螺栓。
6) 吊卸蜗壳（应小心不要碰撞叶轮）。

7）用手盘动叶轮转子，转动应灵活。

8）拆下叶轮并紧螺母（倒牙）。

9）拆下叶轮，注意叶轮花键槽与轮轴的配合位置，做好标记不要装错。

10）拆下叶轮板上的油封，检查甩油盘和油封是否完好，必要时进行研磨和更换。

11）拆下叶轮后板。

12）拆除叶轮轴承座盖的螺栓及内接油管接头。

13）拆下叶轮轴承座盖，检查叶轮轴径向推力和叶轮推力盖是否完好，必要时修复和更换。

14）拆除齿轮箱轴承座与齿轮箱连接的螺栓。

15）拆下齿轮箱轴承座，检查各轴承和大小齿轮，必要时可拆除大齿轮的并紧螺母，拆下大小齿轮以便检查。

16）拆除电动机轴承座盖及电动机轴承的螺栓，即可拆下检查电动机后轴承和挡油环等是否完好。

17）拆除机座两侧盖的螺栓可检查油箱内的情况。

（二）离心式制冷压缩机的装配

与活塞式制冷压缩机和螺杆式制冷压缩机类似，离心式制冷压缩机的装配与压缩机的拆卸顺序相反。装配时应仔细修刮轴承内孔及两端平面，抛光轴颈，研磨摩擦平面，修去各处毛刺并清洗干净，装配时在零件表面上涂一层干净的冷冻润滑油，按原来的装配位置装复压缩机。

所有的油孔和连接管路应经过清洗并用压缩空气吹除干净，连接法兰的石棉橡胶垫片完好无损。

离心式制冷压缩机的具体装配步骤如下：

1）增速器装配。

2）箱盖与箱体用螺栓和定位销连接后，即可将整个增速器装入机体。

3）装配联轴节。

4）将机体与电动机连接，电动机前轴承油管从机体工作法兰中伸入连接。

5）在小齿轮端上装上挡油环及挡油板，然后将隔板机装在机体上。

6）装入小齿轮轴上销钉、弹簧片、橡皮环、油封套等。

7）装上叶轮并紧螺母。

8）装上蜗壳（包括石棉、橡胶垫片）。

9）将调节装置装在进气座上，并将进气座装入机壳中，导向叶片应转动自如，无卡住现象，导叶叶片转动必须同步一致。

10）将机壳与蜗壳连接。

11）连接所有油管路。

五、注意事项

1. 离心式制冷压缩机主要零部件拆卸后，应根据其重要性和精密程度，合理选择石油溶剂类清洗剂（如煤油、汽油等）或化学清洗液进行擦洗，擦洗物不得用棉纱纤维，应尽量使用丝绸类织物。

2. 拆卸时，对径向（滑动）轴承孔，推力轴承面、大小齿轮轴颈、花键槽、主轴轴颈等重要精加工配合面不允许有碰伤和划痕。

第六章 制冷压缩机的检修

实训十六　制冷压缩机间隙和磨损的测量

一、实训目的

通过本实训，学生应在掌握塞尺和内径量表使用的基础上，掌握活塞式制冷压缩机中装配间隙及连杆大、小头和主轴承等多个易磨损部件的检测方法。检查活塞和曲柄销、主轴颈的磨损情况。

二、实训要求

1. 会用铅丝测量活塞机的直线余隙。
2. 会用塞尺测量活塞环的高度间隙和锁口间隙。
3. 会用塞尺测量连杆大头的径向间隙和轴向间隙、连杆小头的径向间隙。
4. 会用塞尺测量主轴承的轴向间隙和径向间隙。
5. 用外径千分尺测量活塞和曲柄销、主轴颈的磨损情况。
6. 用内径量表测量主轴承的磨损情况。

三、实训设备和工具

（一）实训设备及配件

活塞连杆组件，连杆大头轴瓦及与其相配的曲轴，主轴承和主轴承座。

（二）实训工具

塞尺，外径千分尺，内径量表。

四、实训内容

（一）测量活塞式制冷压缩机的直线余隙

1. 相关理论

活塞式制冷压缩机的余隙容积是指当活塞运行到上止点，气缸排气结束时，气缸中还剩余的气体体积。余隙容积的大小，对压缩机输气量的影响很大，因此压缩机的余隙容积是提高压缩机工作性能的一个重要参数。

压缩机的余隙容积由三部分组成：气阀通道容积、第一道活塞环以上的环形容积，活塞顶部与气阀组底部之间的直线余隙。在这三部分中，活塞顶部与气阀组底部的直线余隙是调整余隙容积的重点,直线余隙的测量也是压缩机检修的非常重要的一步。

2. 实训步骤

如图6-1所示,用铅丝做成U形,放在活塞顶部的螺纹孔内,成"十"字形放入两个。装好排气阀组、安全弹簧、气缸盖。盘车4~5圈,然后拆下气缸盖、安全弹簧、气阀组。用游标卡尺或外径百分尺测量压扁的铅丝,前、后、左、右四根铅丝的平均值即为此气缸的直线余隙。

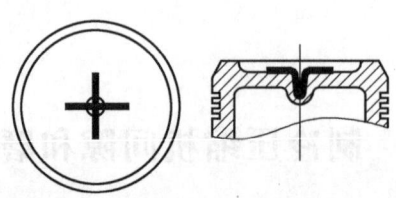

图6-1 用压铅丝法测量直线余隙

(二) 测量活塞环的高度间隙和锁口间隙

1. 测量活塞环的高度间隙

拆下连杆大头盖用吊环把活塞连杆部件提出后,即可用塞尺直接测量活塞环的高度间隙。其数值一般应在0.04~0.07mm之间。

塞尺的使用方法参见第二章实训三。

2. 测量活塞环的锁口间隙

检测活塞环的锁口间隙可用专用量规,将量规平放在平台上,再将活塞环装入量规,推平至平台表面,用塞尺测量活塞环锁口间隙。也可拆下活塞环后,将活塞环直接装入气缸内,并平整放置,再用塞尺测量其锁口间隙。正常锁口间隙值应在1.5mm之内。

(三) 测量吸、排气阀片的升程

1. 用塞尺测量排气阀的升程

以125系列压缩机为例,其正常升程应在1.4~1.6mm。

依据其正常间隙的大小,先选用1.4mm的尺片塞入排气阀片和阀盖的缝隙中,如感觉松动,则依次换用稍厚的塞尺片插入,直到恰好塞入缝隙后不过松也不过紧为止,这时该片塞尺的厚度即为排气阀的升程。

2. 用深度游标卡尺测量吸气阀片的升程

以125系列压缩机为例,其正常升程应在1.9~2.1mm之间。

选用0~200mm的深度游标卡尺,先校正零位,然后开始测量。测量时先将尺身上拉,让尺框的测量面与气缸套顶部贴合好之后,再将尺身下推,直到尺身测量面吸气阀片手感接触。再用紧固螺钉固定尺框,取出深度尺后即可进行读数。

(四) 测量气缸套的内径

以125系列压缩机为例,其正常值应为$125^{+0.03}_{0}$mm。

测量气缸套内径,使用内径量表,也可用量缸表(千分表装置在T形支架上)。使用内径量表时,先按公称直径125mm选好可换测头110~130mm,并校对好指示表的零位。将量表放入气缸套时应将活动测头压靠孔壁,到位后摆动内径表,找到最小示值的转折点,即可读数。具体测量方法可参考第二章实训四。

读数时应注意：当指针正指零位时，表示气缸内径与公称尺寸相同。当指针不到零位时，表示气缸内径大于公称尺寸。当指针超过零位时，表示气缸内径小于公称尺寸。如图 6-2 所示，其数值应为 125.36mm。

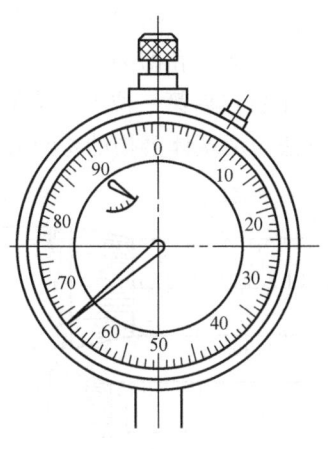

图 6-2　内径量表的读数

（五）测量连杆大头的轴向、径向间隙和连杆小头的径向间隙

1. 测量连杆大头轴瓦的径向间隙

连杆大头轴瓦径向间隙的测量方法有两种：一个曲柄销上有两根以上的连杆时，可用塞尺进行测量，即先拆下一个大头盖，用塞尺测相邻的两个连杆大头间隙，把其他活塞拆下后，再把先拆的大头盖拧紧，用塞尺测量其间隙。若一个曲柄销上只有一根连杆，用压铅丝的方法测量。一般用铅丝两条放在大头盖的轴瓦上，然后再装到曲柄销上，装好后再拆下来，把压扁的铅丝用 0～25mm 的外径千分尺测量即可。

2. 测量连杆大头的轴向间隙

在拆卸连杆大头轴瓦时，应试连杆大头的轴向移动是否灵活，并用塞尺测量连杆大头总的轴向间隙。

3. 测量连杆小头的径向间隙

拆下活塞销后，可把活塞销放在连杆小头衬套内，并用塞尺测量其间隙，所测数值即为连杆小头和径向间隙。其正常间隙值应在 1.5mm 之内。

（六）测量主轴承间隙

在拆卸后主轴承座之前，用塞尺在前后两端测量主轴承的径向间隙，正常值应在 0.08～0.15mm。

（七）测量主轴承磨损

主轴承衬的磨损检查可用内径量表检查测量，磨损超过 0.15mm 以上或径向间隙超过 0.25mm 以上时，应换新轴承衬。

（八）测量活塞、曲柄销和主轴颈的磨损

1. 测量活塞与气缸内壁的间隙

测量活塞与气缸套的配合面时，用塞尺在活塞的环部及活塞的裙部（活塞径向前、后、左、右四个点）进行测量，最好用两把塞尺从两侧同时放入，这样测得的数值比较准确。

2. 检测活塞体、曲柄销和主轴颈的磨损

根据活塞体直径的大小分别选用不同规格的外径千分尺进行测量。如 125 系列压缩机可选用 100~120mm 的外径千分尺测量活塞的上、中、下三个位置的磨损度。

测量后读数时,从固定套管上读取 0.5mm 整数倍的读数,从微分筒上再读取小于 0.5mm 的 0.01mm 整数倍的读数,两读数之和即为被测尺寸的测得值。图 6-3 中两个读数示例分别为 14.10mm 和 15.778mm(小数点后第三位为估读值)。

曲柄销和主轴颈磨损的检测方法与活塞体磨损的检测方法类似。

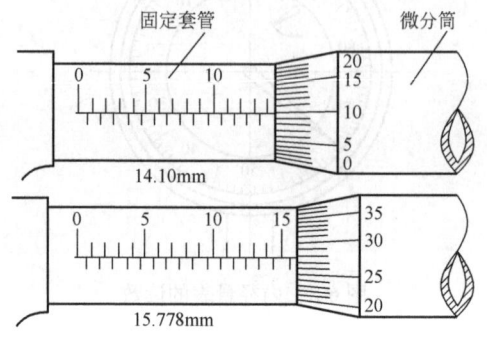

图 6-3　外径千分尺的读数

五、注意事项

1) 测量时应注意保护精密的测量工具。
2) 测量工具的使用方法及注意事项参见第二章实训四。

六、思考与练习

1. 压缩机在检修过程中测量时,发现其直线余隙超过规定数值,会是何原因?如何处理?
2. 检修测量时发现气缸直径过大,如何处理?

实训十七　制冷压缩机主要零件的测绘

一、实训目的

通过本实训的学习,学生应进一步巩固塞尺、游标卡尺、外径千分尺和内径量表等测量工具的使用,并在此基础上进行压缩机内部部分主要零件的测绘,同时巩固各零部件的结构。

二、实训要求

1. 巩固塞尺、游标卡尺、外径千分尺和内径量表等的使用方法。
2. 了解圆角规的使用。
3. 测量曲轴并能按一定比例画出 8AS12.5 压缩机的曲轴主视图。

4. 测量连杆并能按一定比例画出 125 系列连杆的主视图。
5. 测量活塞并能按一定比例画出 125 系列活塞的主视图和剖视图。
6. 测量气缸套并能按一定比例画出 125 系列气缸套的主视图和剖视图。

三、实训器材

（一）实训设备及配件

8AS12.5 压缩机的曲轴、连杆、活塞、气缸套、气阀组、轴封等。

（二）实训工具

塞尺、游标卡尺、外径千分尺、内径量表、圆角规、图板、丁字尺等。

圆角规的结构如图 6-4 所示，圆角规由一系列圆角测量片所组成。在实际测量时，目测圆角的大小并选择测量片，再按照缝隙的大小进行调换，直至测量片的圆角与工件圆角紧密贴合为止，此时圆角测量片上的数值即为测量值。

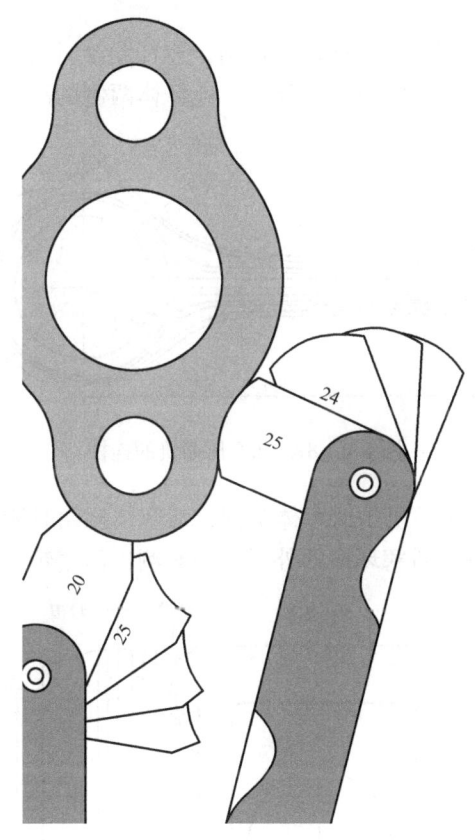

图 6-4　圆角规

四、实训内容

图 6-5 所示为 8AS12.5 压缩机的曲轴，在测绘此类曲轴时，应先用外径千分尺测量曲柄销的外径、主轴颈的外径以及曲柄的外径，然后用游标卡尺测量曲柄相应的厚度，再用圆角规测量各过渡圆角，并记录。按照图样的大小确定比例，即可画出曲轴草图。

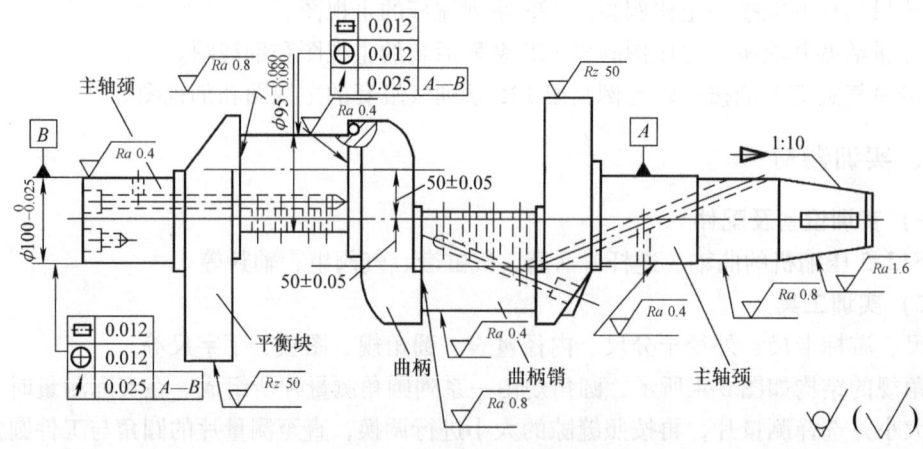

图 6-5　8AS12.5 压缩机的曲轴

图 6-6 所示为 8AS12.5 压缩机的连杆结构图,连杆测绘时所需的数据如图所示,包括连杆大头的内径、外径,连杆小头的内径、外径,连杆体两侧的高度,过渡圆角等。

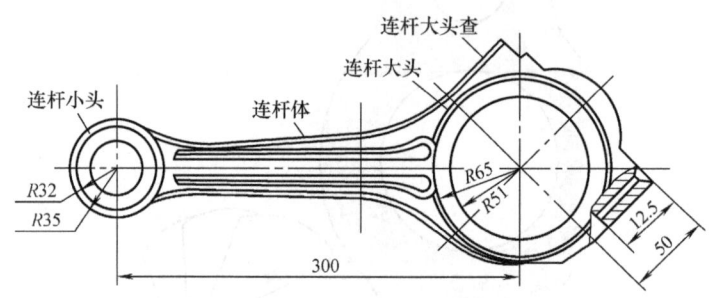

图 6-6　8AS12.5 压缩机的连杆

图 6-7 所示为 8AS12.5 压缩机的活塞体结构,活塞体测绘时所需的数据主要为活塞体顶部、环部和裙部的外径,以及活塞环槽的外径,同时测出活塞销座的位置及内径。

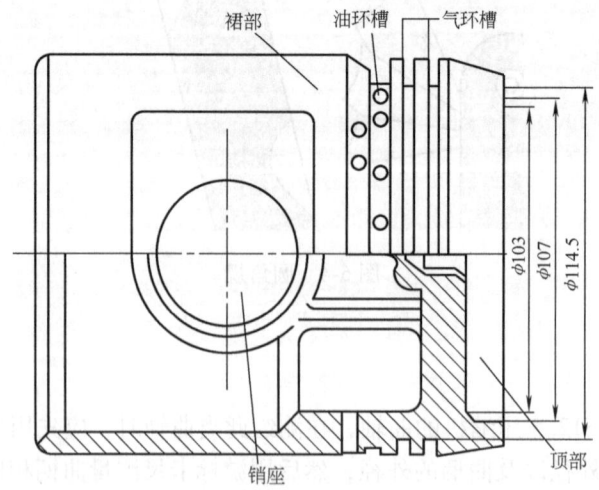

图 6-7　8AS12.5 压缩机的活塞

图 6-8 所示为 8AS12.5 压缩机的气缸套（未装能量调节装置）。气缸套的测绘较简单，可由学生自行完成。

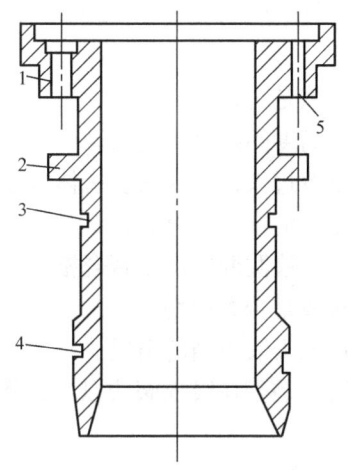

图 6-8　8AS12.5 压缩机的气缸套
1—吸气孔　2—凸缘　3—挡环槽　4—密封圈环槽　5—能量调节孔

实训十八　制冷压缩机的简单故障分析与排除

一、实训目的

制冷压缩机的故障是指机器运行过程中有不正常现象，但还没有造成机体损坏。如果不能及时发现而加以处理，将会造成机件损坏，导致事故。因此及时地发现和排除故障是非常重要的。

制冷压缩机的零部件的拆卸与装配，是为了巩固压缩机的结构，更是为了对制冷系统及压缩机的检查、故障分析及修理而服务。

通过本次实训，学生应在训练掌握压缩机结构和拆卸与装配工艺的基础上，能够分析压缩机的一些简单故障，并能给出简单修理方案。

二、实训内容

故障一　活塞式制冷压缩机内部串气

压缩机内部串气是活塞式制冷压缩机的一个常见故障，会造成压缩机的输气量减少，从而影响制冷系统的制冷效果。大量的高低压串气还会造成铝活塞表面熔化、打坏气缸套和排气阀等事故的发生。

制冷压缩机发生内部串气的原因应从压缩机内部压力不同的腔室之间的连接部位入手。

1. 故障原因

1）活塞环与气缸壁或环与环槽之间密封不严，气体从气缸向曲轴箱泄漏。

2）吸气阀片关闭不严或滞后，气体从气缸向吸气腔泄漏。

3）排气阀片关闭不严或滞后，气体从排气腔向气缸泄漏。

4）气缸套与机体上隔板之间的石棉垫片密封不严，气体从排气腔向吸气腔泄漏。

5）气缸套顶面与气阀组底面之间密封不严，气体从排气腔向气缸泄漏。

6）安全阀关闭不严，气体从排气腔向吸气腔泄漏。

2. 检修方案

1）检测活塞与气缸之间的间隙是否过大。

2）检测活塞环与环槽之间的高度间隙是否过大。

3）检测活塞环的锁口间隙是否过大，并观察在机体装配时，活塞环的开口是否错开。

4）观察气缸内壁是否有拉毛、活塞是否有裂纹。

5）观察吸气阀片是否有损坏、检测翘曲度是否合格。

6）观察气缸套顶部的吸气阀线是否有损伤。

7）观察吸气弹簧是否有损坏或安装不当的情况。

8）观察卸载小顶杆不工作时，是否在吸气阀线以上，致使吸气阀片与阀线接触不严而引起泄漏。

9）观察机体的上隔板上是否有砂眼。

10）观察排气阀片是否有损坏、检测翘曲度是否合格。

11）观察内、外阀座上的排气阀线是否有损伤。

12）观察排气弹簧是否有损坏或安装不当的情况。

13）观察气阀组上的穿心螺母是否有松弛。

14）观察气缸套与机体上隔板之间的石棉垫片是否有损坏或过度的膨润现象。

15）检测气缸套顶面与气阀组底面之间的气密程度。

16）拆卸安全阀，检测安全阀的阀芯处是否有泄漏。

故障二　活塞式制冷压缩机耗油量过多

耗油量过多是活塞式制冷压缩机润滑系统的常见故障之一。耗油量过多的原因从机件的结构和工作原理上去分析，从理论上讲，压缩机耗油量过多，除轴封处少量漏油外，大部分润滑油是排到系统中去了。而向系统排油的方式有两个：一是通过活塞环的泵油作用；二是从吸气腔直接进入气缸，然后排到系统中去。

1. 故障原因

1）活塞环的高度间隙和锁口间隙过大，活塞环泵油过多。

2）活塞环的锁口没有错开，气缸吸气时沿气缸壁和锁口间隙吸油。

3）活塞与气缸之间的间隙过大时，活塞环泵油多。

4）连杆大头轴瓦间隙过大时，向气缸面上甩油过多，引起油耗多。

5）曲轴箱油面过高时，曲轴的平衡块甩油，致使活塞环泵油多。

6）油压过高，耗油量增加。

7）油压调节阀回油孔的方向不对时，耗油多。

8）排气温度过高时，油的蒸发率高，造成油耗多。

9）下隔板上的均压回油孔过大，造成部分润滑油从曲轴箱进入吸气腔而使油耗增加。

2. 检修方案

1）检测活塞环与环槽之间的高度间隙是否过大。

2）检测活塞环的锁口间隙是否过大，并观察在机体装配时，活塞环的开口是否错开。

3）检测活塞与气缸之间的间隙是否过大。
4）检测连杆大头轴瓦与曲柄销之间的间隙是否过大。
5）观察曲轴箱中的油位高低。
6）检察油压调节阀阀芯的回油孔的位置。
7）观察运行压缩机的排气温度是否偏高。
8）观察下隔板上均压回油孔的大小，必要时在此回油孔的位置加设金属丝网等挡油装置。

故障三　活塞机工作一段时间后，直线余隙增大

直线余隙是活塞式制冷压缩机的余隙容积的一部分，所谓余隙容积，是指活塞运行到上止点，气缸排气结束时气缸中还剩余的气体的体积。余隙容积是由三部分组成：一为活塞顶部与气阀组底部之间的直线余隙，就是这个故障中所提到的部分；二为气阀通道容积；三为第一道活塞环以上的环形容积。

余隙容积的大小是压缩机输气量的一个重要影响指标，而余隙容积组成中后两部分的容积是固定不变的，所以影响压缩机输气量的重要指标就变为直线余隙。

1. 故障原因

1）连杆大头轴瓦的磨损致使活塞的上止点下移。
2）连杆小头衬套的磨损致使活塞的上止点下移。
3）活塞销的磨损致使活塞的上止点下移。
4）气缸套与机体上隔板之间的石棉垫片增厚而致使气阀组上移。

2. 检修方案

1）检测连杆大头轴瓦的磨损程度。
2）检测连杆小头衬套的磨损程度。
3）检测活塞销的磨损程度。
4）观察石棉垫片的膨润现象，将石棉垫片削薄或换新。

故障四　螺杆式制冷压缩机的能量调节装置不动作或动作不灵

能量调节装置故障是制冷压缩机的常见故障，调节装置动作不灵会造成压缩机的制冷量与系统的热负荷不匹配，从而影响库房或空调房间的温度。

1. 故障原因

1）电磁阀或四通换向阀不通，致使能量调节控制回路故障。
2）油管路或接头处堵塞。
3）活塞与液压缸之间间隙过大。
4）滑阀或活塞卡住。
5）指示器故障。
6）压缩机的油压过低。

2. 检修方案

1）对电磁阀或四通换向阀进行检查、修理或更换。
2）对油管路和接头进行检修、清洗。
3）检测活塞与液压缸之间的间隙。
4）拆卸检修滑阀和活塞，观察其是否卡住。

5)观察能量调节指示器的指针是否松动。
6)检测油压调节阀的预定值是否偏低。

故障五　螺杆式制冷压缩机的机体温度过高

制冷压缩机的机体温度偏高,会使零件内积聚的热量增多,如不能及时发现和排除,将会造成压缩机的热变形或部分零件的熔化,从而引发事故。

1. 故障原因

1)吸气温度偏高致使整个机体内部温度升高。
2)部件磨损造成摩擦部位发热。
3)压力比过大致使压缩机排气终温升高。
4)油冷却器能力不足,造成油温偏高。
5)喷油量不足造成机体温度升高。
6)由于杂质等原因造成压缩机烧伤。

2. 检修方案

1)适当调大系统的截流阀,增加制冷剂的流量从而降低压缩机吸气温度。
2)观察是否有严重的部件磨损。
3)降低压缩机的排气压力。
4)增加油冷却器中的冷却水量(或液氨量),从而降低油温。
5)加大压缩机的喷油量。
6)检查压缩机内杂质是否过多,并对过滤器进行清洗。

故障六　离心式制冷压缩机的喘振

喘振是离心式制冷压缩机的常见故障。喘振是指制冷压缩机的蜗壳与冷凝器之间的气流周而复始的一种振荡现象。如不能及时排除,将会造成电动机电流的大幅波动,轴承升温,甚至破坏整台机组。

1. 故障原因

1)冷凝压力过高。
2)蒸发压力过低。
3)能量调节的进口导叶开口过小。
4)电动机频率太低。

2. 检修方案

(1)降低冷凝压力

1)排除冷却水管中的杂物或开大水阀,增大冷却水的供水量。
2)对冷却塔进行检查,降低冷却水的温度。
3)对冷凝器换热管的内、外表面进行清洗,增大换热面积。
4)起动系统的抽气回收装置,将不凝性气体排除。
5)检查冷凝器的浮球阀是否有故障。

(2)提高蒸发压力

1)检测系统中制冷剂的循环量是否偏少。
2)检测蒸发器处浮球阀的开启度是否偏小。
3)对蒸发器换热管的内、外表面进行清洗。

4）打开蒸发器端盖上的放气阀，排除空气。

（3）调整能量调节的进口导叶　调整能量调节的进口导叶，使压缩机的流量不处于喘振区。

（4）检测电动机频率并进行调整

三、注意事项

1）对故障进行原因分析时应从机器的结构和系统的工作原理两方面入手。
2）对故障现象检查应仔细、缜密。

四、思考与练习

1. 活塞式制冷压缩机的卸载装置动作失灵，应从哪些方面入手查找原因？
2. 螺杆式制冷压缩机的润滑油消耗量过大应如何处理？

第七章 制冷压缩机的性能测试

实训十九　制冷压缩机常用参数的测定

一、实训目的

要了解制冷压缩机的性能，需要对制冷压缩机进行实际运行测试，以了解蒸发温度、冷凝温度和制冷量之间的关系，以及制冷系统其他运行参数和相互之间的影响。

制冷系统需要测量的主要参数有温度（吸气温度、排气温度、冷凝器进口温度及出口温度、节流前温度、蒸发器出口温度、冷却水进出口温度、环境温度等）、压力（吸气压力、排气压力、冷凝器进、出口压力、节流前压力、蒸发器出口压力等）、流量（冷却水流量）、转速、功率等。

通过本实训，学生应熟悉制冷压缩机和系统中各种参数的测量仪表和测量工具，掌握其测量方法，了解对测量数据的处理与分析方法，培养良好的职业习惯。

二、实训要求

1. 掌握制冷压缩机常用参数测量的部位和方法。
2. 熟悉各种仪表的选用以及使用方法、读数原则。
3. 了解压缩机的常用测量参数。

三、实训设备及工具

（一）实验设备及配件

螺杆式制冷压缩机　　　　　　　　　　一台
离心式冷水机组　　　　　　　　　　　一台

（二）实验工具

玻璃水银温度计、弹簧管式压力表、水银柱大气压力计、涡轮流量计、功率表、电流表、万用表、转速表、秒表等。

四、实训内容及步骤

（一）相关理论

1. 温度测量仪表

温度是压缩机的重要测量项目之一。温度的测量准确度，对保证压缩机运转的可靠性、经济性均有着重要的意义。

常用温度测量仪表有：玻璃水银温度计、电接点玻璃水银温度计、压力式温度计、电阻式温度计等。

（1）玻璃水银温度计　玻璃管水银温度计如图 7-1a 所示，玻璃液体温度计的储液球与玻璃毛细管中装有适量的感温液体汞，并和读数标尺一同封装在玻璃外套管内。

当测量时，将储液球插在被测介质中，感温液体会因介质温度变化而发生膨胀或收缩，使毛细管中的液柱升高或降低，从标尺上即可读出被测介质的温度值。

制冷压缩机的吸、排气温度及油温的现场观测就采用玻璃管水银温度计。

（2）电接点玻璃水银温度计　电接点玻璃管水银温度计如图 7-1b 所示。电接点水银温度计分为可调式和固定式两种。可调式电接点玻璃水银温度计的结构如图 7-2 所示，它有两条金属丝通过汞组成一个电接点。一条是铂丝，其一端焊在玻璃温包内，使铂丝浸于温包的汞内。另一端烧结在玻璃外壳上作为引出线，从顶部引出。另一条是钨丝，钨丝的一端固定在指示铁上，钨丝外面套有螺旋状铂丝，铂丝的另一头烧结在玻璃的外壳上，作为钨丝的另一端引出线。

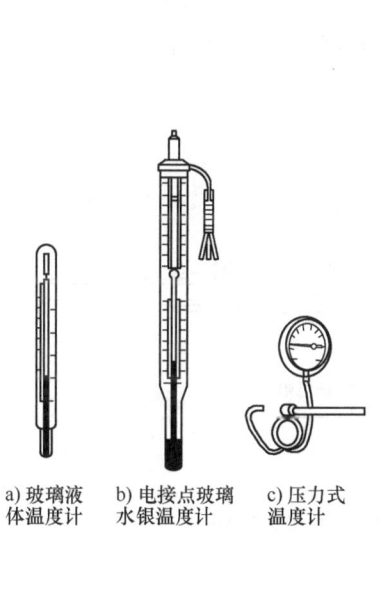

图 7-1　温度计
a）玻璃液体温度计　b）电接点玻璃水银温度计　c）压力式温度计

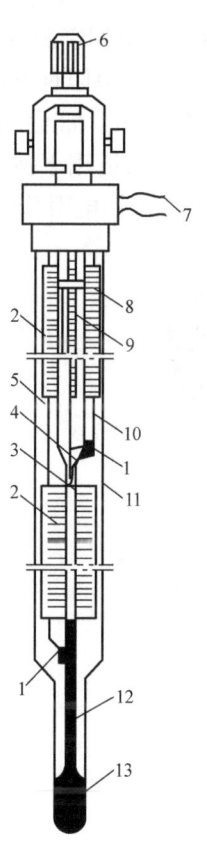

图 7-2　电接点玻璃管水银温度计
1—调整螺母　2—椭圆形螺母　3—螺旋杆　4—铜丝　5—刻度标尺
6—圆玻璃管　7—钨丝引接点　8—椭圆形玻璃管　9—温包
10—汞柱　11—铂丝　12—钨丝　13—导线

电接点水银温度计在结构上可分上、下两部分，下面部分和一般水银温度计相同。在上部有一个调整螺母，调整此螺母带动钨丝上下移动，从而起到改变控制点温度的作用。电接点玻璃水银温度计的上、下两段刻度分别表示温度预定值和汞柱实际读数。当实际温度升到预定值时，汞面和钨丝相碰，由于汞具有导电性，下面的铂丝就与钨丝相通。这样就使外电路闭合，使控制或报警机构动作，起到自动控制的作用。

在制冷设备中，电接点水银温度计用于贮藏鸡蛋和水果等要求静态温度偏差比较小的冷藏间中。

（3）压力式温度计　压力式温度计如图7-1c所示。在压力式温度计中，感温包通过毛细管与单圈弹簧管连通，组成一个密闭的测温系统。在系统中根据测量范围的不同充有一定压力的氮气、氯甲烷或乙醚。测量时，将感温包放在被测介质中，包内气体的压力随介质温度的变化而变化，并且通过毛细管传给单圈弹簧管使其变形，再经拉杆带动齿轮传动机构将装有指针的转轴偏转，在刻度盘上标出相应的温度值。

制冷系统中所用的压力式温度计的测量范围一般为 $-20 \sim 60\text{℃}$，精度等级为1.5级。

（4）热电阻温度计　对于一个给定电阻，其电阻值是温度的单值函数，因而可以通过测量电阻值来推算温度这就是热电阻的测温原理。在 $-200 \sim 500\text{℃}$ 范围内，用热电阻温度计测量效果较好，因此它适用于测量此温度范围内的液体、气体和固体表面的温度。

如图7-3所示，常用热电阻种类主要有铂电阻和铜电阻，铂热电阻主要作为标准电阻温度计，广泛应用于温度基准、标准的传递，目前工业用铂电阻分度号为Pt100和Pt10，其中Pt100更为常用。铜热电阻适用于测量精度要求不高且温度较低的场合，测量范围一般为 $-50 \sim 150\text{℃}$，目前工业用铜电阻分度号为Cu50和Cu100。

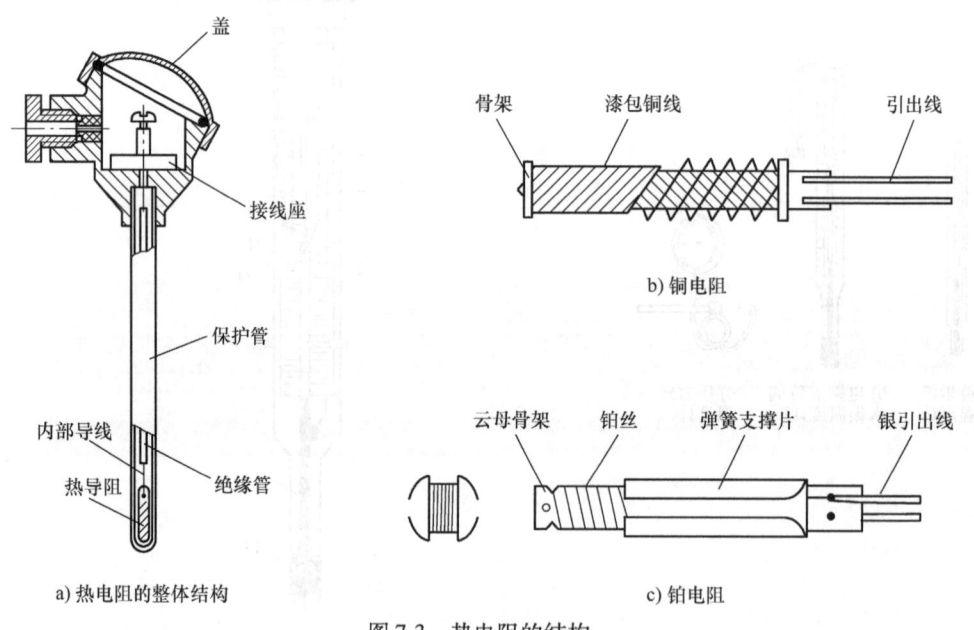

图7-3　热电阻的结构

热电阻温度计可以把温度信号转换为电量信号，因此可以进行信号远传、自动记录和集中控制，广泛应用于制冷、空调系统的温度测量与自动控制。

工业热电阻有普通基型结构和铠装结构两种，它们都由电阻体、绝缘材料、保护套管、接线盒等组成。

2. 压力测量仪表

压力也是压缩机的主要性能参数之一。准确地测量制冷剂气体和润滑油的压力，对压缩机的故障分析，对保障制冷系统和操作人员的人身安全，都具有非常重要的意义。

在工程上，压力用垂直作用于单位面积上的力来度量。工业上使用的压力计，都是测量压差的仪表，其读数是被测对象的压力与当时仪表感受件外部大气压力的差值。

常用的压力测量仪表有：弹簧管式压力表、U形管压差计和水银柱大气压力计等。

（1）弹簧管式压力表　弹簧管式压力表的结构如图7-4所示，测量原理是将被测压力转换成弹性元件变形的位移。如图7-5所示，其测量元件是一根弯成270°圆弧的椭圆截面的空心金属管，其自由端封闭，另一端与测压点相接。当通入压力后，由于椭圆形截面在压力作用下趋向圆形，弹簧管随之产生向外挺直的扩张变形——产生位移，此位移量由封闭着的一端带动机械传动装置，使指针显示相应的压力值。如果该压力计用于测量正压，称为压力表；如果测量负压时，称为真空表。

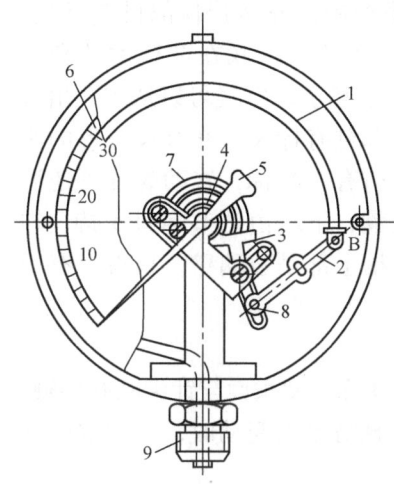

图 7-4　弹簧管式压力表

1—弹簧管　2—拉杆　3—扇形齿轮　4—中心齿轮　5—指针　6—刻度盘　7—游丝　8—调整螺钉　9—接头

（2）U形管压差计　U形管压差计如图7-6所示，根据流体静力学原理，可将被测压力转换成位移，液柱高度反映被测压力的大小。

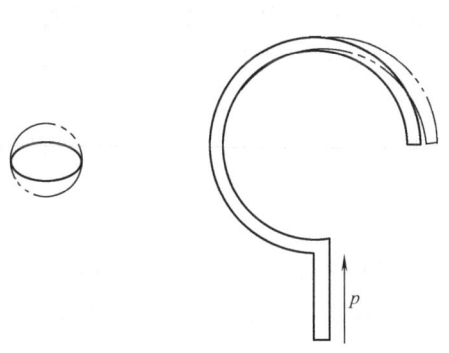

图 7-5　弹簧管式压力表的测量原理图

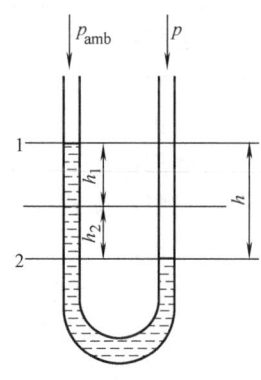

图 7-6　U形管压差计的测量原理

由等压面原理,有公式:

$$pA = (\rho gh + p_{amb})A$$
$$\rho gh = p - p_{amb} = p_{ex}$$
$$h = \frac{p_{ex}}{\rho g} \tag{7-1}$$

可见,被测压力的表压力可以用工作液液柱高度的毫米数来反映。

在使用 U 形管压差计时应注意以下问题:

1)一般以弯月面的顶为读数基准。

2)U 形管压差计常用的指示液为汞和水,注意跑汞问题。

3)此装置通常用于测量较低的表压力、真空度和压强差。

(3)水银柱大气压力计 常用的水银气压计为福廷式(Fortin)大气压力计。

1)结构。水银气压计的结构如图 7-7 所示,它的主要部分为一盛汞的玻璃管倒置于汞槽中,玻璃管顶部设置真空,汞槽底由一皮囊紧紧包住(皮囊的外缘联在棕榈木的套管上),经过棕榈木的套管固定在盖槽上,空气可以从皮孔出入而汞不会溢出,黄铜管外的上部刻有标尺,开有长方形的小窗,用来观看汞柱的高低,窗前有一游标,转动螺旋可使游标上下移动。汞槽底部是一皮囊,下端由调节螺钉支持,转动它可调节槽内汞面高低,汞槽上部是玻璃壁,顶盖上有一倒置的针,针尖是标尺零点。

2)使用方法。

① 先旋转底部螺钉,调节汞面,使汞面与针尖刚好接触。稍等几秒钟,待针尖与汞的接触情形无变动时,开始进行下一步。

② 转动大气压力计上部调节游标螺旋使升起比汞面稍高然后慢慢落下,直到游标底边与游标后边金属片的底片同时和汞柱凸面顶端相切,即可进行读数。

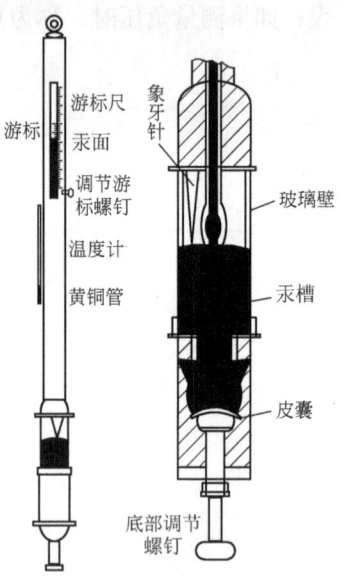

图 7-7 大气压力计

3)读数方法。读数时应注意读数时眼的位置应与汞面在同一平面上,按照游标下缘零线所对标尺上的刻度,读出大气压的整数部分,小数部分用游标来决定,即从游标上找出一根与标尺上某一刻度相吻合(在同一水平面上)的刻度线,它的刻度就是小数部分的读数。记录四位有效数字,同时记下气压计的温度(温度计附在压力计上)以及气压计的仪器系统误差,然后进行校正。

注意:在旋转底部螺钉使槽内汞面上升时,汞柱凸面格外凸出,下降时凸面凸出得少一些,这两种情形都要影响读数的正确性,所以在调节螺旋时,要轻轻弹一下黄铜外管的上部,使汞柱凸面恢复正常。

4)数值修正。汞气压计的刻度是以 0℃,纬度 45°的海平面高度为标准值,从气压计上直接读出的数值须经过仪器误差、温度、海拔高度等校正后,才能得到正确的值。

① 仪器误差:每台气压计出厂时都附有仪器误差的校正卡片,气压计观察值应首先以此项作校正。

② 温度校正：在纬度 45°和 0℃时海平面上大气压力为 760mmHg（1mmHg = 133.322Pa），温度改变，汞密度改变，会影响读数，同时铜管本身热胀冷缩，也要影响刻度，由于汞柱胀缩数值较黄铜管胀缩数值大，所以温度高于 0℃时，气压值应减去温度校正值，反之，温度低于 0℃时要加上温度校正值。一般气压计的铜管是用黄铜制作的，温度校正值可用下式表示：

$$p_0 = \frac{1+\beta t}{1+\omega t}p = p - p\frac{\omega t - \beta t}{1+\omega t} \tag{7-2}$$

式中　p——气压计读数；

　　p_0——将读数校正到 0℃后的数值；

　　t——气压计的温度（℃）。

汞在 0 ~ 35℃之间的平均线膨胀系数 $\overline{\omega}$ = 0.0001818。黄铜的线膨胀系数 β = 0.000184。

③ 重力校正：重力加速度受海拔高度（H）和纬度（i）的影响，经温度校正后的数值应再乘以 $(1 - 2.6 \times 10^{-3}\cos 2i - 3.1 \times 10^{-7}H)$。

④ 其他如汞蒸气压的校正、毛细管效应校正等，因引起的误差很小，一般可不考虑。

3. 流量测量仪表

流量是指单位时间内流体流经管道或设备某处横截面的数量，又称瞬时流量，常以体积流量 q_V 和质量流量 q_m 来衡量。

流量测量方法有直接测量法和间接测量法，直接测量法是指利用标准体积和标准时间，准确的测出某一间隔内的流体总量，推算出单位时间内的平均流量，多用于校验流量。间接测量法是指通过测量与流量（或流速）有对应关系的物理量而间接得出流量的方法，如差压式、涡轮式、超声波式、电磁式等，工程和科学实验多采用间接测量法。

常用的流量测量仪表有差压流量计、转子流量计和涡轮流量计等。

（1）差压流量计　连续流动的流体遇到安插在管道内的节流装置时，在节流装置的前后管壁处的流体静压力产生差异，形成静压差，且 $p_1 > p_2$，此即节流现象。节流产生了压差，并且流量越大，压差也就越大。差压式流量计基于流体在通过设置于流通管道上的流动阻力件时产生的压差与流体流量之间的确定关系，通过测量差压值求得流体流量。

差压流量计结构如图 7-8 所示。

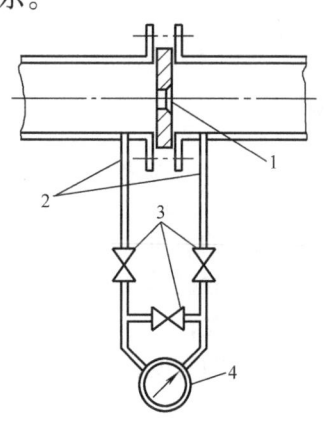

图 7-8　差压流量计

1—节流元件　2—引压管路　3—三阀组　4—差压计

差压流量计由节流装置（包括节流件和取压装置，将流量信号变为压差信号）、导压管（将节流装置前后的压力信号送至显示器）及显示仪表组成。

差压流量计使用的流体条件：流体必须充满管道且连续流动，流经节流件前流动应达到充分湍流，流束平行于管道轴线且无旋转，流经节流件时不发生相变。流动是稳定的或随时间缓变的。流体必须是牛顿流体，在物理学和热力学上是均匀的、单相的，或者可认为是单相的流体。

差压流量计使用的管道条件：测量管道截面应为圆形，节流件及取压装置安装在两圆形直管之间，节流件附近管道的圆度应符合标准中的具体规定，管道内必要洁净，节流件前后要有足够的直管长度。

差压流量计节流装置的安装要求：中心重合，端面垂直，不得装反。

(2) 转子流量计　转子流量计又称浮子流量计，是目前工业上或实验室常用的一种流量计。它是由一根锥形的玻璃管和一个能上下移动的浮子所组成。在测量时，转子处于平衡位置，两端压差为定值，即流量与转子平衡位置高度一一对应。转子流量计又分为玻璃管转子流量计和金属管转子流量计，玻璃管转子流量计主要由玻璃锥形管、转子和支撑结构组成。转子根据不同的测量范围及不同介质（气体或液体）可分别采用不同材料制成不同形状。流量示值刻在锥形管上。金属管转子流量计的锥形管采用金属材料制成，其流量检测原理与玻璃管转子流量计相同。

需要说明的是，转子流量计是一种非通用性仪表，出厂时其刻度需单独标定。仪表厂在工业标准状态下，以空气（温度20℃，压力0.10133MPa）标定测量气体流量的仪表。以水（温度20℃）标定测量液体流量的仪表。若被测介质不是水或空气，或密度不同，则流量计的指示值与实际流量值之间存在差别，必须对流量指示值按照实际被测介质的密度、温度、压力等参数的具体情况进行刻度修正。

修正方法：

液体介质：
$$q_v = q_{v0}\sqrt{\frac{(\rho_f - \rho)\rho_0}{(\rho_f - \rho_0)\rho}} \tag{7-3}$$

式中　q_v——被测介质实际流量；

　　　q_{v0}——标定时的刻度流量；

　　　ρ_f——转子材料的密度；

　　　ρ——被测流体的密度；

　　　ρ_0——标定条件下水的密度。

气体介质：
$$q_v = q_{v0}\sqrt{\frac{\rho_0}{\rho_j}\cdot\frac{p_0}{p}\cdot\frac{T}{T_0}} \tag{7-4}$$

式中　q_v——被测介质在工业基准状态下的流量；

　　　q_{v0}——空气在工业基准状态下刻度的显示流量；

　　　ρ_0——空气在工业基准状态下的密度；

　　　ρ_j——被测介质在工业基准状态下的密度；

　　　p_0——工业基准状态时的绝对压力；

　　　p——被测介质的绝对压力；

　　　T_0——工业基准状态时的热力学温度；

T——被测介质的热力学温度。

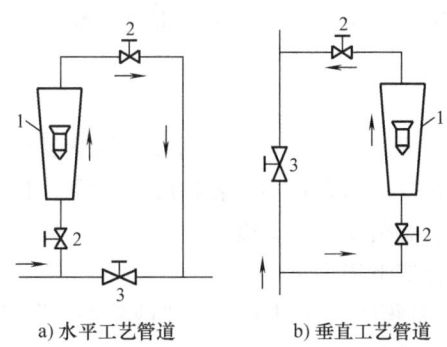

a) 水平工艺管道　　b) 垂直工艺管道

图 7-9　转子流量计的安装
1—转子流量计　2—截止阀　3—旁通阀

转子流量计在使用时必须垂直安装，不能倾斜；介质流向由下至上，不可接反；转子要保持清洁；流量选在仪表上限刻度的 1/3～2/3 范围内；开启阀门时不能过猛、过急。

（3）涡轮流量计　利用管内流体的速度来推动叶轮旋转，转速与流体流速成正比来进行测速的流量计称为流速式流量计。常用仪表有叶轮式水表、涡轮流量计等。涡轮流量计的工作原理是根据动量守恒原理，流体冲击涡轮叶片，使涡轮旋转，旋转速度随流量的变化而变化，在一定范围内，涡轮的转速与流体的平均流速成正比。通过磁电转换装置将涡轮转数变换成电脉冲，经前置放大，送入二次仪表进行计数和显示，由单位时间的脉冲数和累计脉冲数反映出瞬时流量和累积流量。它由变送器和显示仪表两部分组成。涡轮流量计的结构如图 7-10 所示。

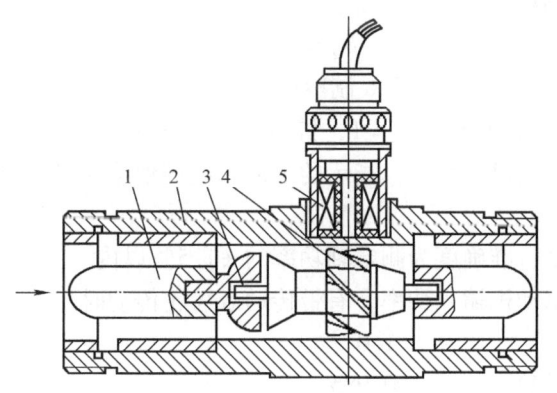

图 7-10　涡轮流量计
1—导流器　2—外壳　3—轴承　4—涡轮　5—磁电转换器

涡轮转轴的轴承由固定在壳体上的导流器所支承，流体顺着导流器流过涡轮时，推动叶片使涡轮转动，其转速与流量 q 成一定的函数关系，通过测量转速即可确定对应的流量 q。通常涡轮流量计主要用于测量精度要求高、流量变化快的场合，还用作标定其他流量的标准仪表。

涡轮流量计安装时应注意要水平安装，进出口处前、后直管段长度应不小于 $15D$ 和 $5D$，流体流向与变送器外壳上箭头保持一致,并有旁通管路,变送器前最好加过滤器消除杂质。使用后应在半年左右进行清洗,每年标定一次仪表常数,要排除气体,气体介质密度改变时要进行补偿与修正。

4. 电工测量仪表

常用的电工测量仪表有功率表、电流表、万用表、频率表和互感器等。

指示式功率表精度为 0.5 级,积算式功率表精度为 1 级。电流表、电压表、功率因素表和频率表精度为 0.5 级。互感器精度为 0.2 级。

电工测量仪表在使用时有如下规定:

1) 功率表测量值应在满量程的 1/3 以上。用"两功率表"法或"三功率表"法。两表法测量电动机功率 N,如图 7-11 所示。

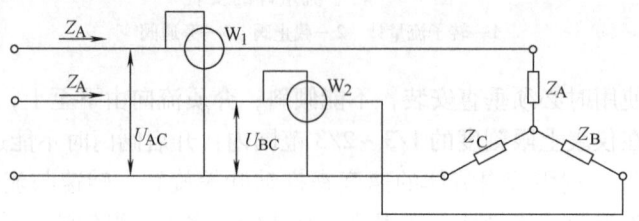

图 7-11 两表法测三相功率

电动机的输出功率

$$N_M = \overline{W_1} + \overline{W_2} \tag{7-5}$$

式中 $\overline{W_1}$、$\overline{W_2}$——同一工况下,压缩机两个单相功率表读数的平均值。

制冷压缩机的轴功率

$$N_e = N_m \eta_e \eta_m \tag{7-6}$$

式中 η_e——电动机效率,对于 2F-6.6 制冷压缩机,取 83.5%;

η_m——传动效率,刚性连接 $\eta_m = 1$,带传动 $\eta_m = 0.9$。

2) 测量三相交流电动机功率时,指示的电流和电压值应不低于功率表额定电压和电流值的 60%。

3) 压缩机功率测量:准确度为测定轴功率的 ±1.5% 以内。

4) 测量三相交流电动机输入功率,有带传动或齿轮传动时,其传动功率:

直联传动: 1.0
精密齿轮传动(每级): 0.985
V 带传动: 0.965

5. 转速测量仪表

转速测量仪表有数字式转速表和闪光测速仪等。

数字式转速表的测量原理:数字式转速测量系统由频率式转速传感器、数字转换电路和数字显示器等部分组成。首先由传感器把转速转变成频率信号,再通过测量信号的频率或周期来测量转速。

1) 频率法测转速:在电子计数器采样时间内对转速传感器输出的电脉冲信号进行计数。利用标准时间控制计数器闸门。当计数器的显示值为 N 时,被测量的转速 n 为

$$n = \frac{60N}{zt} \tag{7-7}$$

式中 z——旋转体每转一转传感器发出的电脉冲信号数;

t——采样时间。

2) 周期法测转速:与频率/数字转换电路不同,其特点是通过对被测信号进行分频来提供计数时间,而计数器是对晶体振荡器的输出信号脉冲进行计数。这里用被测周期 T 来控制闸门,填充时间 t_0 进入计数器计数 N。为了提高周期测量的准确度,通过将周期信号分频,使被测量的周期得到倍乘。故被测量的转速 n 为

$$\frac{KT}{z} = N\tau_0$$

$$n = \frac{60k}{zN\tau_0} \tag{7-8}$$

式中 k——周期倍乘数 1、10、100…;

τ_0——晶振周期;

N——计数器计数值;

z——传感器细分数。

闪光测转速仪是利用人眼的视觉暂留现象来测量转速。一个闪光目标,当闪动频率大于 10Hz 时,人眼看上去就是连续发亮的。根据这一原理,用一个频率连续可调的闪光灯照射被测旋转轴上的某一固定标记(如齿轮的齿,圆盘的辐条或在旋转轴上涂以黑白点),并调节闪光频率 f,直到旋转轴上出现一个单定象为止,即达到 $n = f$ 的条件,这时便可以从电子计数器或圆刻度盘上读出被测的转速值。

6. 重量测量仪表

常用的重量测量仪表有台秤、天平和磅秤。

台秤使用前应注意:

1) 台秤应放在坚实、平稳的地面上,四脚要切实着地。

2) 校准水准器,台板与四个承重刀子均应接触良好,台板要保持平稳。

3) 清除台板上的灰尘与脏物,调整空秤平衡,检查计量杠杆的摆幅。

天平使用方法:

1) 将天平放在水平桌面上。

2) 将游码移至标尺左端零刻度处,调节横梁右端(有的天平是左、右两端)的平衡螺母,使指针对准刻度线的中央。

3) 将被测物体放入左盘中后,在右盘中轻轻放入砝码,加减砝码并移动标尺上的游码,直至指针再次对准中央刻度线。

4) 计算砝码盘中所加砝码的总质量,并加上游码所示的质量,就可得出被测物体的总质量。

磅秤一般用来称比较重的物品。

7. 时间测量仪表

常用的时间测量仪表为秒表,如图 7-12 所示,它是利用摆的等时性控制指针转动而计时的。在它的正面是一个大表盘,上方有小表盘。一般的秒表(停表)有两根针,长针是

秒针，沿大表盘转动，每转一圈是30s。短针是分针，沿小表盘转动，每转一圈是15min。在表正上方有一表把，上有一按钮。旋动按钮，上紧发条，这是秒表走动的动力。

使用方法：首先要上好发条，它上端的按钮用来开启和止动秒表。第一次按压，秒表开始计时，第二次按压，指针停止走动，指示出两次按压之间的时间。第三次按压两指针均返回零刻度处。

读数：所测时间超过半分钟时，半分钟的整数部分由分针读出，不足半分钟的部分由秒针读出，总时间为两针指数之和。

注意事项：秒表的精度一般在0.1~0.2s，计时误差主要是开表、停表不准造成的。秒表在使用前上发条时不宜上得过紧，以免断裂。使用完后应将表开动，使发条完全放开。不同型号的秒表，分针和秒针旋转一周所计的时间可能不同，使用时要注意。

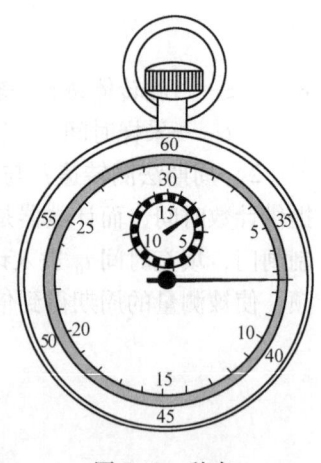

图 7-12 秒表

（二）实训步骤

1. 测量螺杆式制冷压缩机的运转参数

螺杆式制冷压缩机是大中型制冷与空调系统中常用的制冷压缩机，在运转过程中要经常对其相关参数进行读数及比较，以确保运行的安全和高效。

螺杆式制冷压缩机的运转参数测量步骤及记录表格如下：

表 7-1　螺杆式制冷压缩机运转记录表

机号：　　　　　　　　　　　　　　　　　　　　　　　　　年　　月　　日
机型：　　　　　　　　环境温度：　　　　　　责任者：

测定项目	单位	测定时间				
排气压力	/MPa					
中间压力	/MPa					
吸气压力	/MPa					
供油压力	/MPa					
压缩机负荷	(%)					
排气温度	/℃					
中间温度	/℃					
吸气温度	/℃					
供油温度	/℃					
盐水进口温度	/℃					
盐水出口温度	/℃					
冷却水进口温度	/℃					
冷却水出口温度	/℃					
电动机电流	/A					
盐水流量	/(m^3/h)					
盐水泵压力	/MPa					
大气温度	/℃					

1) 确认系统的初始状态正常。
2) 起动压缩机,运行系统。
3) 调节节流元件开度,调整制冷机的循环量。
4) 待系统稳定后,开始对参数进行测量和记录。
5) 要测的温度参数包括压缩机吸、排气温度和中间温度,盐水进口温度,盐水出口温度,冷却水进口温度,冷却水出口温度,另外还要对大气温度进行测量。对测得温度值进行记录。用水银温度计测量压缩机吸、排气温度时,测点应在吸、排气截止阀外 0.3m 的直管段处。温度计套采用薄钢管或不锈钢薄壁管,垂直插入流体,管径较小时,可 45°斜插逆流或用测温管插入 1/2 管道直径。套管内注冷冻润滑油,读数时不应拔出温度计,并注意温度计的刻度单位,以免读错测量结果。
6) 对压力进行测量。要测的压力包括压缩机吸、排气压力和中间压力、供油压力。用弹簧管式压力表测量压缩机吸、排气压力时,测点应在吸、排气截止阀外 0.3m 的直管段处。
7) 用涡轮流量计测量冷凝器冷却水和盐水流量。涡轮流量计应设置在冷凝器进水管路上。
8) 用电流表测量电动机电流。
9) 用压力表测量盐水泵压力。
10) 一定时间间隔后重复以上测试内容。
11) 用大气压力计测量当地大气压力。
12) 关闭系统,收拾好仪表,做好现场清洁工作。

2. 测量离心式冷水机组的运转参数

离心式制冷压缩机通常用于工况比较稳定的大型中央空调系统,作为中央空调系统的冷源,离心机的运转参数是以冷水机组的形式记录的。

离心式冷水机组的参数测量步骤及记录表格如下:

(1) 进行开机前的检查与准备工作

1) 检查油位和油温。油箱中的油位必须达到或超过低位视镜,油温为 60~63℃。
2) 检查导叶控制位。确认导叶的控制旋钮是在"自动"位置上,而导叶的指示是关闭的。
3) 检查油泵开关。确认油泵开关是在"自动"位置上,如果是在"开"的位置,机组将不能起动。
4) 检查抽气回收开关。确认抽气回收开关设置在"定时"上。
5) 检查各阀门。机组各有关阀门的开、关或阀位应在规定位置。
6) 检查主电动机电流限制设定值。通常主电动机(即压缩机电动机)最大负荷的电流限制应设定在 100%位置,除特殊情况下要求以低百分比电流限制机组运行外,不得任意改变设定值。
7) 检查电压和供电状态。三相电压均在 380V±10V 范围内,冷水机组、水泵、冷却塔的电源开关、隔离开关、控制开关均在正常供电状态。

(2) 开启冷水机组,运行系统

(3) 待系统稳定后,开始对压缩机部分进行测量

1) 要测量的参数包括压缩机吸入温度、排出温度和油温,另外还要测量油位、油压和叶片开启百分数,对测得的参数值进行记录。

2) 选择合适的温度计和压力表进行测量,要注意测点的选取。

(4) 对蒸发器部分进行测量 要测量的参数包括冷媒水进口温度、出口温度、进口压力、出口压力和流量,对测得的参数值进行记录。

(5) 对冷凝器部分进行测量 要测量的参数包括冷却水进口温度、出口温度、进口压力、出口压力和流量,对测得的参数值进行记录。

(6) 对电动机部分进行测量 要测量的参数有电压和电流,对测得的参数值进行记录。

(7) 一定时间间隔后重复以上测试内容

(8) 对大气温度进行测量

(9) 测量完毕后,关闭冷水机组,收拾好仪表,做好现场清洁工作

表7-2 离心式冷水机组记录表

地点
机组编号:　　　　　　　　　　　　　　　　　　　　　年　　月　　日
机型:　　　　　　环境温度:　　　　　责任者:

测定项目		单位	测定时间				
压缩机部分	吸入温度	/℃					
	排出温度	/℃					
	油温	/℃					
	油压	/MPa					
	油位						
	叶片开启百分数	(%)					
蒸发器部分	冷媒水进口温度	/℃					
	出口温度	/℃					
	进口压力	/MPa					
	出口压力	/MPa					
	流量	/(m³/h)					
冷凝器部分	冷却水进口温度	/℃					
	出口温度	/℃					
	进口压力	/MPa					
	出口压力	/MPa					
	流量	/(m³/h)					
电动机部分	电压	/V					
	电流	/A					

五、注意事项

1) 正确选择与安装测温元件,以免影响测量精度。国家标准要求冷却水进出口温度准

确度为±0.1℃。压缩机吸气温度、流量节流装置前温度准确度为±1℃，其他温度准确度为±0.2℃。

2）压力测量时，首先要正确选择测压点，不可选在管路中容易形成漩涡的部分，其次要注意取压点应与管道垂直，并应选在管道下部，压力表应垂直安装在易观察和检修的地方。

3）压缩机吸气压力及其他有关压力，应按试验时当地大气压力值修正。即把弹簧管式压力表测得的表压力和水银柱大气压力计测量当地大气压相加，才可得压缩机吸、排气绝对压力。

六、思考与练习

测量过程中，可能有哪些原因会引起测量误差？你在实训过程中采用了什么措施来减小测量误差？

实训二十　容积式制冷压缩机制冷量的测试

一、实训目的

通过实训，学生应能够对以下性能指标进行测试。

1. 单级制冷压缩机的制冷量：由实训间接测得的流经压缩机的制冷剂质量流量，乘以压缩机吸气口的制冷剂比焓与排气口压力对应的膨胀阀前制冷剂液体比焓的差之值。

2. 输入功率：开启式压缩机为输入压缩机的轴功率，封闭式（包括半封闭式和全封闭式）为压缩电动机输入功率。

3. 单位功率制冷量：制冷量与输入功率的比值。

二、实训要求

1. 了解单级蒸气压缩制冷机试验系统和制冷机的运行操作。
2. 掌握小型单级制冷压缩机主要性能参数的测试方法和使用仪表。
3. 了解国际标准 ISO 917—1974《制冷压缩机的试验》和国家标准 GB/T 5773—2004《容积式制冷压缩机性能试验方法》。
4. 掌握制冷压缩机的工况分析及数据整理方法，绘制性能曲线。
5. 初步掌握试验工况的试验有关规定。

三、实训设备及工具

（一）实训设备

被测容积式压缩机、水冷冷凝器、量热器、电动机。

（二）工具

玻璃水银温度计、弹簧管式压力表、水银柱大气压力计、涡轮流量计、功率表、电流表、万用表、转速表、秒表。

四、实训内容及步骤

本实训用于测量容积式制冷压缩机的制冷量、功率、容积效率、等熵效率和制冷系数。

（一）测试的基本原理

制冷压缩机性能试验要测试的参数是：在一定工况下的压缩机质量流量和压缩机的功耗，以及由此派生出的能效比 EER（制冷）或性能系数 COP（制热）。但通常不用压缩机的质量流量来表示压缩机的性能，而是用压缩机的制冷量来表示。制冷量的定义为："由试验直接测得的流经压缩机的制冷剂的质量流量，乘以压缩机吸气口的制冷剂气体比焓与排气压力对应的膨胀阀前制冷剂液体比焓的差之值。"即：

$$Q_0 = q_m(h_{g1} - h_{f1})$$

式中　q_m——试验直接测得的流经压缩机的制冷剂质量流量；

　　　h_{g1}——规定工况下压缩机吸入的制冷剂气体比焓；

　　　h_{f1}——规定工况下，对应于压缩机排气压力的膨胀阀前制冷剂液体比焓。

（二）测试的基本规定

1）排除试验系统内的不凝性气体，确认没有制冷剂的泄漏。

2）系统内有足够的符合有关标准规定的制冷剂，压缩机内保持正常运转用润滑油量。

3）排气管道上应设置有效的油分离器，使循环的制冷剂液体内含油量不超过 1.5%（以质量计）。

4）压缩机吸、排气口的压力和温度应在同一测点测量，该测点应在吸、排气截止阀外 0.3m 的直管段处。

5）试验系统装置的周围不应有异常的空气流动。

6）试验装置环境温度（30±5）℃。

7）提供测量含油量而抽取制冷剂和润滑油混合物样品的设备。

8）压缩机性能试验包括主要试验和校核试验，即 X 法和 Y 法，两种方法应同时进行测量。

9）X 法和 Y 法试验结果之间的偏差应在 ±4% 以内，并以 X 法和 Y 法测量结果的平均值为准。

10）压缩机试验时，系统应建立热平衡状态，试验时间一般不少于 1.5h。测量数据的记录应在试验工况稳定半小时以后，每隔 20min 测量一次，直至四次的测量数据符合表 7-3 的规定为止。第一次测量到第四次测量记录的时间称为试验周期，在该周期内允许对压力、温度、流量和液面做微小的调节。

表 7-3　试验参数允许偏差

试 验 参 数	每一个测量值与规定值间的最大允许偏差	测量值的任一个读数相对于平均值的最大允许偏差
吸气压力	±1.0%	±0.5%
排气压力	±1.0%	±0.5%
吸气温度	±3.0%	±1.0%
轴转速	±3.0%	±1.0%
电压	±3.0%	±1.0%
频率	±2.0%	±1.0%

（三）测试方法种类

共有九种不同的试验方法：第二制冷剂量热器法、满液式制冷剂量热器法、干式制冷剂量热器法、吸气管制冷剂气体流量计法、排气管制冷剂气体流量计法、制冷剂液体流量计法、水冷冷凝器量热器法、制冷剂气体冷却法和压缩机排气管道量热器法。

本实训采用"第二制冷剂量热器法"。为了校核电量热器法所获得的制冷量的正确程度，根据国际标准（ISO 制）的规定，必须采用一辅助手段校核，本实训采用"水冷冷凝器法"。

（四）第二制冷剂量热器法

第二制冷剂量热器法是一种间接测定制冷量的方法，它是利用电热管发出的热量来消耗产冷量。

1. 试验装置

试验流程如图 7-13 所示，由一组直接蒸发盘管作蒸发器，该蒸发器被悬置在一个隔热压力容器的上部，电加热器安装在容器底部并被容器中的第二制冷剂浸没。

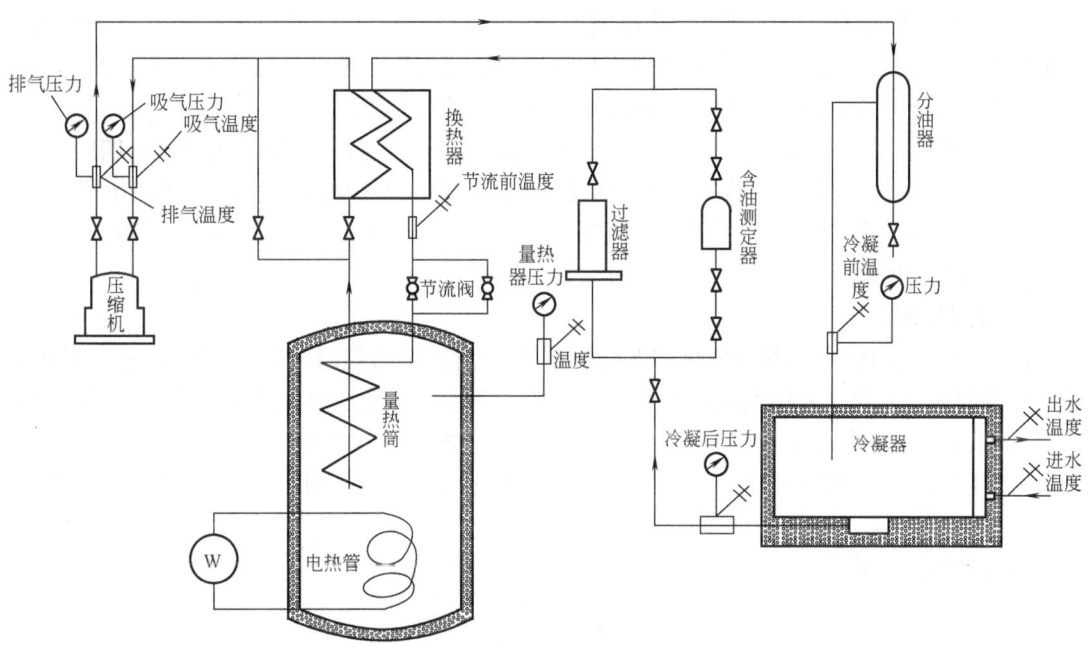

图 7-13　第二制冷剂量热器法流程图

制冷剂流量由靠近量热器安装的手动膨胀阀调节。为了减少外界热量的影响，膨胀阀与量热器之间的管道应隔热。

试验时，电热管与外界电源接通，第二制冷剂在容器内蒸发，其所形成的蒸气在顶部蒸发盘管的外表面冷凝后，重新下落到底部，蒸发器盘管中的液体制冷剂被第二制冷剂蒸发加热，其所形成的蒸气被压缩机吸入。

制冷剂流量由靠近量热器安装的膨胀阀调节。为了减少外界热量的影响，膨胀阀和量热器之间的管道应加以保温。

2. 试验方法

1) 通过膨胀阀调节压缩机制冷剂吸气压力，通过输入给第二制冷剂的电加热量调节压缩机吸气温度。

2) 通过改变冷凝器冷却水量、换热面积或冷却水温度调节压缩机排气压力，也可借助排气管道中压力控制阀调节排气压力。

3) 在试验周期内，输入电加热量的波动引起压缩机制冷量的变化应不超过1%。

3. 试验程序：

1) 在教师和师傅的指导下，熟悉实验系统和各测点的测量仪表。

2) 打开总水源，冷凝器冷却水阀，依次符合总电源，水泵电源，观察水箱中出水管水流量。

3) 开启压缩机排气截止阀，冷凝器出液阀。

4) 起动制冷压缩机。

5) 缓慢开启吸气阀，防止液击，直至吸气截止阀完全开启。

6) 接通量热器中电加热开关，根据制冷压缩机冷量大小，调节电加热功率，从而调节压缩机的吸气温度，同时调节冷凝器中冷却水的流量或温度来调节冷凝冷凝压力，调节节流阀的开启度大小来控制蒸发压力，使试验达到所要求的稳定工况。

7) 试验待工况稳定半小时后，开始记录，每隔20min进行一次测试记录，共四次。

8) 测试结束，关闭冷凝器出液阀和节流阀，同时使理热量器中的电加热功率降至零，等压缩机吸入压力降为零时，关闭压缩机吸气截止阀，切断电源，压缩机停止运转。

9) 切断总电源。

4. 数据处理

（1）漏热量的标定 将电量热容器与制冷系统相连接的阀门全部关闭后可进行漏热量的标定。调节输入第二制冷剂的电加热量，使第二制冷剂压力所对应的饱和温度比环境温度高15℃左右，并保持其压力不变。电加热器输入功率的波动应不超过±1%，同时输入热量的数值应每隔一小时测定一次，直到连续四次测得的与第二制冷剂压力相对应的饱和温度的波动不大于±0.5℃为止。

漏热系数的计算

$$F_1 = \frac{\Phi_h}{t_p - t_a} \tag{7-9}$$

式中 F_1——漏热系数（W/K）；

Φ_h——输入电加热器的电功率（W）；

t_p——对应于第二制冷剂液体压力的饱和温度（K）；

t_a——平均环境温度（K）。

（2）数据记录及整理

1) 按记录表要求逐项记录，记录表见表7-4。

2) 测量读数要准确。

3) 各记录数据按平均值计算：

$$x = \frac{x_1 + x_2 + x_3 + x_4}{4}$$

表 7-4　电量热器法试验数据记录表

压缩机型号＿＿＿＿＿　制冷剂＿＿＿＿＿　规定工况＿＿＿＿＿　实训日期＿＿＿＿＿　指导老师＿＿＿＿＿

序号			时间	1				2				3				4				平均值			
				A	B	C	D	A	B	C	D	A	B	C	D	A	B	C	D	1	2	3	4
制冷压缩机		吸气压力表压	/(kg/cm²) /MPa																				
		吸气温度	/℃																				
		排气压力表压	/(kg/cm²) /MPa																				
		排气温度	/℃																				
		转速																					
冷凝器	制冷剂	进冷凝器蒸汽温度	/℃																				
		出冷凝器液体温度	/℃																				
		冷凝压力表压	/(kg/cm²) /MPa																				
	冷却水	进水温度	/℃																				
		出水温度	/℃																				
		流量	/(kg/h)																				
量热器	进节流阀前制冷剂液体温度		/℃																				
	第二制冷剂	压力表压	/(kg/cm²) /MPa																				
		功率表倍数	倍																				
		功率表Ⅰ读数	格																				
		功率表Ⅱ读数	格																				
电动机		功率表倍数	倍																				
		功率表Ⅰ读数	格																				
		功率表Ⅱ读数	格																				
		环境温度	/℃																				

备注 a. 各压力项读数表压，单位为 kg/cm²，换算为国际单位 MPa。
　　　b. 四个测点分别为 1、2、3、4，每个测点同隔 20min 分四次读数为 A、B、C、D。

式中 x_1、x_2、x_3、x_4——同一工况下,四次分别记录的同一测量值的数据。

(3) 轴功率计算　见实训十九中的"电工测量仪表"内容。

(4) 制冷量的计算

1) 由试验测得的制冷剂流量

$$q_{mf} = \frac{\Phi_i + F_1(t_a - t_s)}{h_{g2} - h_{f2}} \tag{7-10}$$

式中　q_{mf}——由试验测得的制冷剂质量流量(kg/s);

　　　Φ_i——输入量热器的热量(W);

　　　F_1——漏热系数(W/K);

　　　t_s——第二制冷剂饱和温度(K);

　　　h_{g2}——离开量热器的被蒸发的制冷剂比焓(J/kg);

　　　h_{f2}——进入膨胀阀的液体的比焓(J/kg)。

2) 规定工况制冷量 Q_{01}

$$Q_0 = q_{mf}(h_{g1} - h_{f1})\frac{v_1}{v_{g1}} \tag{7-11}$$

式中　h_{g1}——规定工况下压缩机吸入的制冷剂气体比焓(kJ/kg);

　　　h_{f1}——规定工况下,对应于压缩机排气压力的膨胀阀前制冷剂液体比焓(kJ/kg);

　　　v_1——压缩机吸气口制冷剂气体实际比容(m³/kg);

　　　v_{g1}——规定工况下压缩机吸入的制冷剂气体比容(m³/kg)。

3) 单位轴功率制冷量计算:

$$COP(EER) = Q_0/N_e \tag{7-12}$$

(5) 制冷压缩机性能的测试和曲线绘制　制冷压缩机在制冷工况和转速不变时,它的制冷量 Q_0,轴功率 N_e,输气系数 λ 值随工作温度变化而变化,只有在同一工况下(即相同的蒸发温度 t_0,冷凝温度 t_k,液体过冷度 Δt_r),才能比较它们的性能。为了反映制冷压缩机 Q_0、N_e、λ 随工况变化的规律,必须绘制压缩机的性能曲线,以便为用户提供使用。

选择一组冷凝温度(不少于三种)。在冷凝温度不变时,蒸发温度(不少于五种)的情况下,按冷凝温度蒸发温度,(要有一致的过冷度和吸气温度)配成不同的工况,对压缩机进行性能测试,经数据整理,获得各种工况下的制冷量 Q_0、轴功率 N_e、输气系数 λ 的具体数据,选择适当的比例,即可在坐标图上绘制成制冷压缩性能曲线。

5. 输气系数 λ 计算

$$\lambda = \frac{Q_0 V_{g1}}{V_h(h_{g1} - h_{f1})} \tag{7-13}$$

$$V_h = zhs\frac{\pi}{4}d^2/60 \tag{7-14}$$

式中　V_h——制冷压缩机理论输入量(m³/s);

　　　z——气缸数(个);

　　　n——压缩机额定转数(r/min);

　　　s——活塞行程(m);

　　　d——气缸直径(m)。

对于2F-6.6制冷压缩机，$z=2$；$n=500\text{r/min}$；$s=0.082\text{m}$；$d=0.0665\text{m}$。

（五）冷凝器量热器法的校核试验——水冷冷凝器法

为了较核电量热器法所获得的制冷量的正确程度，根据国际标准（ISO制）的规定，必须采用一辅助手段校核。本试验台采用"水冷冷凝器法"，根据标准规定，在水冷冷凝器上装有温度、压力和冷却水流量的测量仪表，将冷凝器作为量热器，它的漏热量不超过压缩机制冷量的5%。水冷冷凝器的漏热量测定方法与电量热法中量热器漏热量的测定方法一样。

由试验测得的制冷剂流量：

$$q_{\text{mf}} = \frac{c(t_2-t_1)m_{\text{c}} + K_{\text{i}}(t_{\text{r}}-t_{\text{a}})}{h_{\text{g3}} - h_{\text{f3}}} \quad (7\text{-}15)$$

式中　　t_1——冷却水进口温度（K）；

t_2——冷却水出口温度（K）；

c——冷却水的平均比热（kJ/kg·K）；

m_{c}——冷却水的质量流量（kg/s）；

h_{g3}——进冷凝器制冷剂过热蒸汽所对应的比焓（kJ/kg）；

h_{f3}——出冷凝器制冷剂液体所对应的比焓（kJ/kg）；

$K_{\text{i}}(t_{\text{r}}-t_{\text{a}})$——冷凝器的漏热量（kW）；

t_{r}——冷凝器中的液体制冷剂的平均温度（K）。

$$K_{\text{i}} = \frac{Q_{\text{h}}}{t_{\text{r}} - t_{\text{a}}}$$

式中　K_{i}——冷凝器漏热系数（kW/K）；

Q_{h}——标定冷凝器漏热系数时输入冷凝器的电加热量（kW）。

（2）规定工况制冷量

$$Q_{02} = q_{\text{mf}}(h_{\text{g1}} - h_{\text{f1}})\frac{v_1}{v_{\text{g1}}} \quad (7\text{-}16)$$

（3）校核试验和主要试验之间的偏差计算

$$\Delta = \frac{Q_{01} - Q_{02}}{Q_{02}} \times 100\% \quad (7\text{-}17)$$

按标准规定$\Delta \leqslant \pm 4\%$。

五、注意事项

1）实训时，注意开启机器的程序。

2）开机后，待工况稳定半小时后，再开始记录数据。

3）实训结束后，关闭总电源。

六、思考与练习

1. 按规定工况计算理论制冷量，轴功率和制冷系数。

2. 进行理论计算，和实际测试结果比较，分析产生误差的原因，并思考改进实训的措施。

第八章 制冷设备实训

实训二十一 换热器的加工及装配

一、实训目的

通过本实训的学习,学生应了解常用换热器的结构特点及加工工艺。

二、实训要求

换热器的实训可以通过观看录像了解换热器的加工和组装工艺,有条件的也可进行实地参观,以深入理解换热器换热原理及改进方法。

三、实训设备和工具

放映设备一套,换热器加工工艺录像一套。

四、实训内容及步骤

换热器的分类有很多种方法,换热器的结构形式也是多种多样的,在制冷工程上较常用的换热器有壳管式换热器、翅片管式换热器、管板式换热器、压印吹胀型换热器等。

(一)壳管式换热器的加工

壳管式换热器主要用于大中型制冷系统及其他换热量很大的场合。壳管式换热器的结构如图8-1所示。

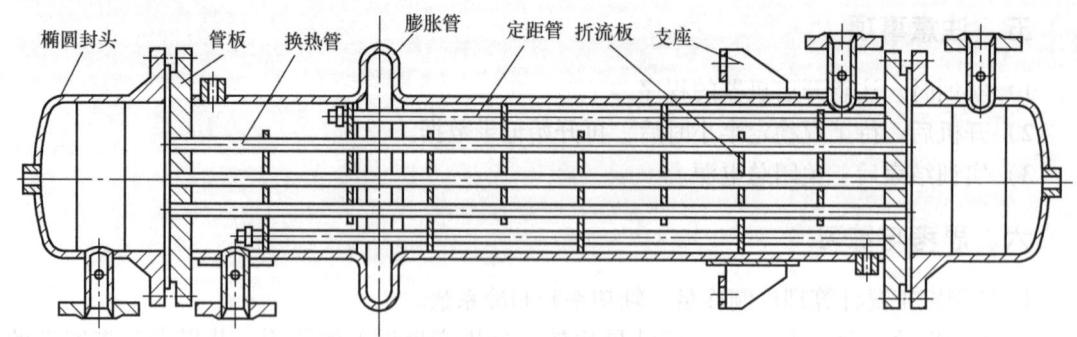

图 8-1 壳管式换热器

壳管式换热器的加工工艺主要由以下几步组成:

1. 封头加工

一般封头的加工采用热压延法。封头成形后，用氧乙炔焰割去多余部分，以及切割或车削出封头焊接用的 V 形或 U 形坡口，并用砂轮打磨出金属光泽，以保证后续焊接质量。

2. 壳体加工

大部分压力容器的筒节都用板材通过滚弯工艺制成，如图 8-2 所示。当上下滚轴下降时，板材受压弯曲，由于滚轴在减速机带动下而旋转，板材靠上、下滚轴间摩擦力朝下滚轴旋转切向向前移动，产生弯曲。滚圆后利用夹具将卷板的接口对齐拉紧，以备焊接，如图 8-3 所示。

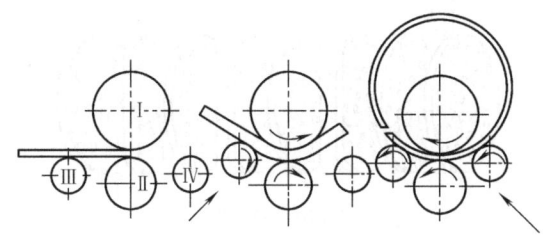

图 8-2 滚弯工艺示意图

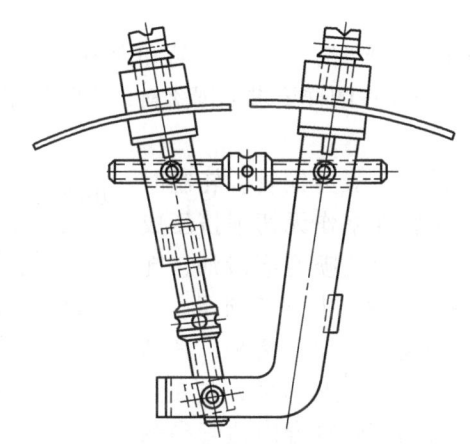

图 8-3 对接拉紧器

3. 管板与换热管连接

管板与换热管的连接方法有胀接和焊接两种。直径较大的无缝钢管，由于材质硬、管壁厚，采用焊接较可靠。但焊接需要耗用焊接材料，且更换管子不方便，所以铜管和大部分小口径无缝钢管均采用胀接。

胀接时，用特制的偏心刀具在管板孔中加工一或两道环形槽，以便在胀管时，将材质较软的管材挤压变形嵌入环形槽内，增加连接的强度和密封性。管板开槽如图 8-4 所示。

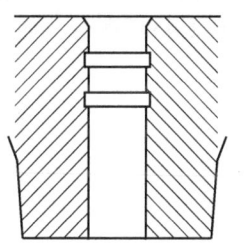

图 8-4 管板开槽

4. 支持板和折流板

支持板通常用厚为 6~10mm 的钢板制成，折流板是用厚为 4~6mm 的钢板制成或用两块 2mm 厚的钢板中间夹橡胶板制成，其结构示意图如图 8-5 所示。

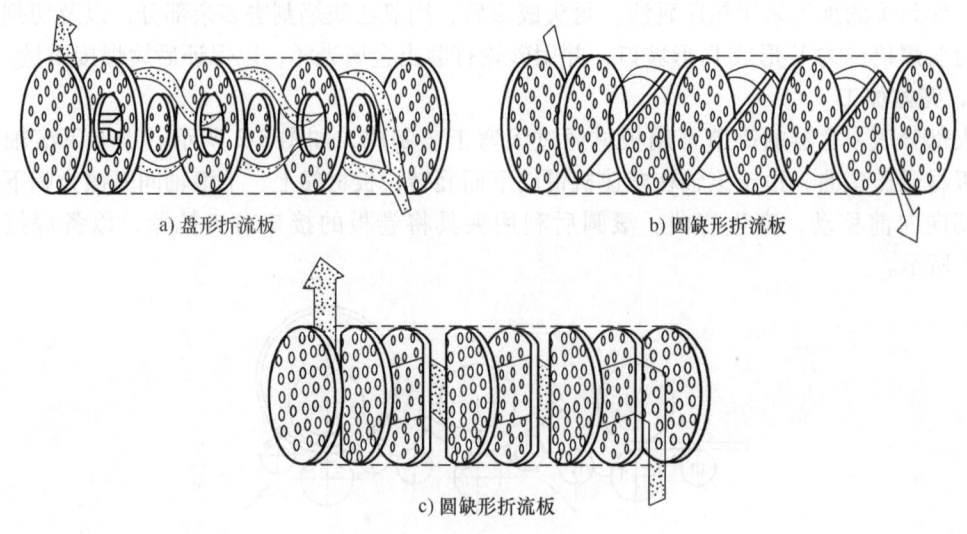

a) 盘形折流板　　　　b) 圆缺形折流板

c) 圆缺形折流板

图 8-5　折流板示意图

5. 换热管加工工艺

壳管式换热器常用的换热管有光管、滚轧低肋管和内翅片管三种。

光管的加工工艺很简单，只需按图样要求电锯落料，去除管端毛刺，然后喷砂处理除去铁锈、油污、毛刺，备用即可。

滚轧低肋管即螺纹管，材料一般为铜管。轧制时是在常温下用三轴组刀片对铜管外壁作无切削挤压成形的。轧制过程中，刀具和铜管上均喷有润滑油，轧制后要进行酸洗和漂洗。轧制低肋管如图 8-6 所示。

内翅片管有拉制内翅管和复合内翅管两种，其结构如图 8-7 所示。其中拉制内翅管为整体式的，是在经退火的铜管中用拉刀拉制而成的。而复合内翅管是铜

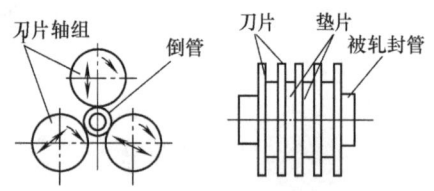

图 8-6　轧制低肋管

管和铝肋芯复合而成的，工艺大致为：铜坯管在复合前经退火和酸洗处理，铝肋芯制成后作扭曲处理，且铝内芯比铜管直径小 1~2mm，铝肋芯穿入铜管，再用直径比铜管外径稍小的模具挤压铜管，使之与铝肋芯紧压。

a) 拉制内翅管　　　b) 复合内翅管

图 8-7　内翅管

6. 组装步骤

1) 检查零部件是否齐全及合格。

2）打磨除锈。
3）筒节拼装在一起。
4）焊接。
5）用超声波无损探伤检验焊缝。
6）划线并按图样要求气割开孔。
7）装上、下管板并焊接。
8）换热管装配并焊接。
9）焊接支架、加强筋板、进气管、出液管等。
10）成品试验、喷漆、包装入库。

（二）翅片管式换热器的加工

翅片管式换热器主要用于小型制冷装置，如家用空调器、冰箱、冷库、冷柜及小型中央空调等场合。翅片管式蒸发器的加工工艺以套片管式为例。

1. 套片

多套模具高速冲制的套片加工工艺流程如图 8-8 所示。

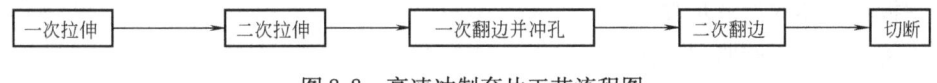

图 8-8　高速冲制套片工艺流程图

2. 内螺纹管

内螺纹管的加工工艺流程如图 8-9 所示。

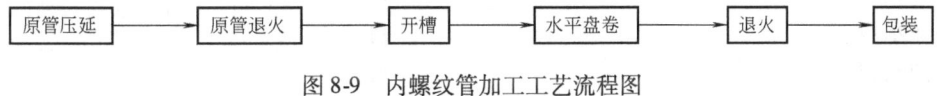

图 8-9　内螺纹管加工工艺流程图

3. 穿管与胀管

胀管时，工件垂直安放在托模上，托模板上有许多与 U 形管弯头部位一致的半圆形槽可托住工件，两边有侧板夹住工件，多头钢钎胀杆在油压作用下自上而下强行通入管内，形成胀管，然后胀杆上升退出。

4. 套片管换热器组装

套片管换热器组装按如下程序进行：穿管→胀管→清洗→弯头加工→焊接→试漏→气体回收→充气保护→封口→检验。

五、注意事项

1）如到生产车间参观，应注意安全。
2）在了解加工工艺的同时，加深对换热原理的理解。

六、思考与练习

1. 壳管式换热器的组装步骤有哪些？
2. 套片管式换热器的组装步骤有哪些？

实训二十二　换热器的清洗

一、实训目的

冷凝器冷凝效果和蒸发器蒸发效果的好坏直接关系到制冷效率的高低,影响耗电量的大小。而水冷式冷凝器用水作为冷却介质,冷却液体载冷剂的蒸发器中也有水循环流动。水中所带的杂质和盐类物质在受热的情况下容易黏附、沉积在管壁上,形成污垢而增加热阻,因此,冷凝器和冷却液体载冷剂的蒸发器需要定期除垢。

通过本次实训,学生应了解冷凝器和蒸发器的常用除垢方法,并掌握除垢操作方法。

二、实训要求

1. 了解常用的两器清洗方法。
2. 掌握水冷式冷凝器的化学清洗步骤。
3. 掌握蒸发器的清洗步骤。
4. 了解化学清洗的监测方法。

三、实训设备和工具

(一) 实训设备

水冷式冷凝器	一台
冷却水塔	一台
冷却水泵	一台
壳管式蒸发器	一台
膨胀水箱	一只
冷冻水泵	一台
耐酸泵	一台

(二) 实训工具

除垢扁铲、锤子、扳手、容器等。

四、实训内容及步骤

常用的冷凝器除垢方法通常有三种:手工法、机械法和化学法。

(一) 手工除垢

手工除垢时,用特制扁铲和小锤,把管子表面的垢层铲掉。此法设备简单,劳动强度大,效率低。

(二) 机械除垢

机械除垢方法,效果较好,但除垢不是很彻底。具体步骤为:

1) 将卧式壳管式冷凝器两端的端盖卸下。
2) 用特制刮刀连接在软轴上,另一端与电动机的轴连起来。
3) 清除水垢时,将刮刀插入冷却管内,开动电动机,然后用钢丝刷在管内来回拉刷,进行水垢的刮除。

4)同时用冷却水冷却刮刀和冲洗管内污垢。

(三)化学除垢

化学清洗是通过杀菌剥离、除锈除垢、预膜镀膜等处理环节,实现对冷凝器的除垢。其工艺简单,费用相对手工、机械等物理除垢方法较高,但省时省力,处理效果较好。因此应用广泛。

杀菌剥离是往循环水中加入比致死浓度高的杀菌剂,并维持足以杀死微生物需要的时间,将循环水系统中的微生物杀死。同时加入一定的分散剂,便于将管壁上的生物黏泥分散排出。

除锈除垢环节即为化学清洗过程,化学药品清洗的目的是除去系统中的油脂和腐蚀产物等杂物,为预膜和日常冷却水处理提供清洁的金属表面。

预膜镀膜是在清洗后用较大药剂量使活化的金属本体上形成一层完整的薄而致密的保护膜。预膜后可降低设备的腐蚀率。实验证明,预膜后腐蚀速率可降低几十倍。

1. 酸性溶液

早期的化学除垢是采用稀盐酸溶液,操作简便,效果也好,其操作方法如下:

1)先将冷凝器内的制冷剂全部抽出。

2)把进水阀关闭,并拆除进水管。

3)另外接两根与水管同直径的管子与耐酸泵及酸池连接起来,如图8-10所示。

4)水池内装有10%的盐酸溶液,并加入一定量的阻化剂,其比例为1kg溶液加入0.5g阻化剂(阻化剂是防止盐酸镕被腐蚀管壁),有时可用乌洛托品。稀盐酸溶液量可视冷凝器容积大小而定。清洗的溶液依靠耐酸泵的压力在管内循环,约循环25~30h。

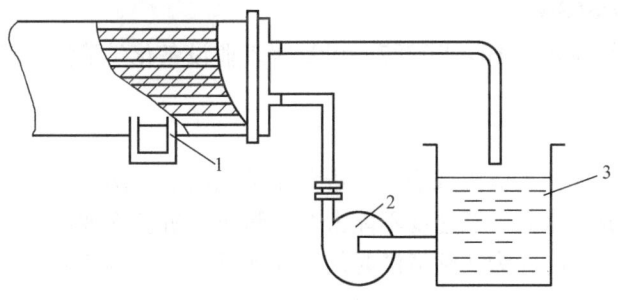

图8-10 化学除垢
1—水冷式冷凝器 2—耐酸泵 3—酸池

2. 中性溶液

酸性溶液除垢效果较好,但因其溶液中含有的 H^+ 离子活泼性强,易腐蚀管道,在清洗过程中,经常出现大片剥落的情况。而中性药液的化学成分对管道设备损伤极小,是目前水系统水质处理较理想的方式。

(1)中性溶液清洗冷凝器步骤

1)用人工方法清洗冷却塔。清除塔盘上的灰尘、污泥,清洗集水槽、百叶窗上的杂物。

2)洗完冷却塔后投加杀菌剂,开泵循环24h左右,作全系统的杀菌灭藻处理,然后排污。

3)向冷却塔内投加复合配方清洗剂,加水至满,开冷却泵循环浸泡24h左右,洗塔、排污。

4) 排完后，开启冷却水过滤器，清除过滤器上的污物。

5) 打开冷凝器端盖，如有污泥和少量锈渣用水冲洗。

6) 对冷凝器盖端进行刮锈，上防锈漆，漆干后装上端盖，使冷凝器复原。

7) 冷凝器物理清洗完毕，从冷却塔投加预膜配方药剂作预膜处理。

8) 排放预膜液，将水排完，也可同时补充新水至一定浓度后，投加阻垢、分散、缓蚀复合配方药剂，正常开机转入日常处理阶段。

(2) 中性溶液清洗蒸发器步骤

1) 用人工方法清洗膨胀水箱，然后从膨胀水箱投加杀菌剥离剂，开冷冻泵循环 20～40h，作全系统的杀菌灭藻剥离处理。

2) 再从膨胀水箱投加杀菌灭藻剂，开泵循环 20～24h，作进一步的杀菌灭藻处理。

3) 从冷冻水最低点排放污水。若不能停机则同时补充新水，然后从膨胀水箱投加清洗剂。

4) 清洗结束时从冷冻水最低点排放污水，将系统内的污物、锈渣排出。若不能停机，则同时补入新水，待水清后打开冷冻水过滤器清除其他杂物。

5) 补充新水加满，开冷冻水泵循环 30～40min，即刻放水。如此反复几次，也可同时补充新水，边补水，边排污，至排放的水澄清时为止。

6) 从膨胀水箱投加缓蚀剂，开泵循环 30～60min。

(四) 清洗后的质量检查及验收

1) 外观管观察，管内、外表面应洁净，无残留污垢、无点蚀、无脱锌腐蚀等现象。

2) 目测除垢率应为 100%。打开换热器人孔观察，被清洗的金属表面应清洁、污垢无残留，设备洗净率应≥98%。

3) 清洗腐蚀率均应符合 HG/T 2387—1992《工业设备化学清洗质量标准》的要求。

五、注意事项

1) 进行清洗过程操作人员应戴手套，避免化学洗剂造成伤害。

2) 从最低点排放污水时注意速度不能太快，防止风机盘管被挤压而变形。

3) 本实训中的清洗时间为实际清洗时间，在实训室中的清洗过程可将其时间缩短，以了解步骤为主。

六、思考与练习

1. 如果水冷式冷凝器多年未进行清洗，对制冷系统有何影响？
2. 简述冷凝器的化学清洗步骤。

实训二十三　制冷阀件的安装与拆卸

一、实训目的

制冷系统中的各种阀门起着调节和控制制冷剂的流量和流向的作用，它对制冷系统中制冷剂的正常循环和制冷降温起着重要的作用。

在生产实践中，阀门的制造质量、安装过程中的清洗检查以及操作不当等因素都会造成阀门内部串漏、向外部泄漏制冷剂以及自动阀门不能自动开启、关闭和自动调节等方面的问题。

通过对不同阀的检查和检修，学生应学会检查和修理方法，保证制冷系统正常运转。

二、实训要求

1. 使学生熟悉引起阀件损坏的原因。
2. 使学生掌握阀件检修方法。

三、实训设备和工具

1. 氨直通截止阀、氨直角截止阀、氨用手动节流阀各 1 只。
2. 内平衡和外平衡热力膨胀阀各 1 只。
3. 法兰 1 对。

四、实训内容及步骤

（一）截止阀和调节阀的损坏原因

截止阀是制冷系统中设置最多的阀门，图 8-11 所示为氨用直通式截止阀的结构。

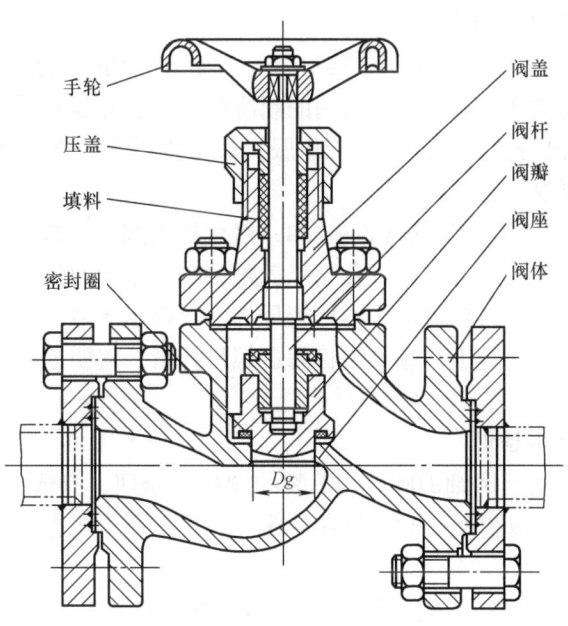

图 8-11　氨用直通式截止阀

1. 阀杆损坏的原因

当阀门的填料压得过紧，又缺乏润滑油的情况下，形成干摩擦，长期使用使阀杆逐渐磨损，盘根被磨坏，发生制冷剂泄漏。若换盘根（填料）后仍泄漏，其原因是阀杆被磨细造成的。另外，在操作中，开关阀门使用的工具不当，冰霜过厚不及时清除，填料压得过紧或阀杆锈蚀严重的情况下进行开关，用力过猛，受外力作用等原因使阀杆弯曲甚至折断。

2. 阀座与阀芯损伤的原因

1）系统中的杂质和污物，如焊渣、铁屑以及机械杂质和弯管时的砂粒等。在制冷系统排污、试压检漏工作中，系统内的杂质和污物很容易积存在阀座的拐弯处，由于污物的存在，阀门开关时，阀芯上的合金与阀座的密封面受到污物的挤压，杂质嵌入合金中或阀座密封面上出现斑点。使阀门内部串漏，失去密封作用，造成隐患。因此，在系统排污和试压检漏中，应清洗检查两遍阀门，而且在做这一工作时不随便开关阀门，可避免以上问题的发生，否则后果严重。

2）在操作过程中，阀门的密封线只要干净，用手关闭阀门后，再用扳手轻轻一关即可关严。若操作时用力过大，容易把阀芯上的合金压成深凹坑，导致关闭不严。因此正确操作可延长阀门的使用期。

3）由于密封面受高温的影响，轴承合金的硬度降低，加速密封面的磨损，使用一定时间后，失去密封作用。

4）阀盖上带肋的阀门不宜做低压系统的阀门，由于冷脆的作用，关闭阀门时，筋肋受过大的压力而容易断裂，导致阀门无法开关。

5）阀门的阀芯脱落，由于阀芯上弹簧卡的弹力不够，致使阀芯与阀杆的销钉脱落引起阀杆与阀芯脱离而失去控制作用。

（二）阀门的检修

1. 拆卸阀门时应注意的事项

1）拆卸阀门前，首先应把与该阀连接的氨管道断开，切断与系统的联系，调整抽空管道，开启氨压缩机，将被截止断开的管道内的制冷剂抽空，并在阀盖与阀座上划上记号。

2）抽空后，准备进行拆卸，应穿好工作服，戴橡皮手套，准备防毒面具、通风机和橡皮水管等，以防跑氨事故。

3）拆卸阀盖螺母时，应均匀松开3~4扣，然后松动阀盖，这时操作人员的面部不能对着阀盖的缝隙处，以防余氨冲击伤人，若无氨气跑出时，把阀门的阀芯开到半开启状态，以防阀门关闭，被关闭的管内尚有余氨。再把螺母拆下，取出阀盖，检查阀的密封面的损伤情况准备进行修理。若有氨气跑出，应及时将阀盖螺母拧紧，查明原因，进行排除后，再拆卸阀盖检修。

2. 截止阀和调节阀的检修

（1）阀杆的检修 对于磨细的阀杆、断裂的阀杆不修理，应选45钢或相同材质和规格的材料进行车削加工，予以更换，对于弯曲的阀杆，可在压力机上或在台钳上进行校直，也可加工新阀杆更换。

（2）阀门密封面的修理 若阀芯用聚四氟乙烯硬塑料密封圈磨损或损坏，可取下旧密封圈，换上新密封圈即可。

若阀芯用轴承合金做密封填料，在密封面上有细小杂质，可用三角刮刀刮去。若有几个大的焊渣，刮去焊渣，用锡焊后再用三角刮刀刮平即可。若合金严重损坏，可重浇合金，其操作步骤是：首先用气焊或喷灯火焰熔化旧合金，用盐酸锌溶液清除合金槽上的氧化物，把合金槽加热220℃左右烫锡底子，再用气焊或喷灯火焰把准备好的合金条熔化到密封槽内，应高出槽面2mm以上，冷却后在车床上加工即可。

若阀门是钢制阀芯，出现划痕或凹坑过深，应换新阀门。若轻微磨损，可用研磨方法修理。可先用150#～280#的磨料进行粗磨，再用W40～W0.5的微粉进行细磨。研磨时使阀座密封面与阀芯密封面沿圆周方向对着研磨，研磨后无明显缺陷，再用润滑油光磨，发亮后用汽油试漏，不漏为合格。

阀门的倒关密封面的检修。若系钢制密封面和钢制密封面修理相同，若系合金密封面与阀芯的合金修理方法相同。

（3）更换盘根（填料） 盘根严重磨损以及老化，应更换新的。更换盘根的操作步骤如下：利用阀门的倒关装置，把阀门全部开足，拆下手轮和压盖螺钉，用螺钉旋具把旧盘根取出。氨阀应用橡胶盘根，切制时其两头的搭口应是45°角，切断后，放在冷冻油里浸泡10min左右。把填料盒擦净，每个橡胶盘根也应涂上石墨粉润滑脂，用螺钉旋具压入填料盒，每个盘根应错开搭口，装三个时应错开120°角，装四个时应错开90°角。压填料螺母时，压得不应过紧，应以不漏氨、开关阀灵活为宜。

阀门若用圆环式塑料盘根老化时，按以上方法，取出旧的换上新填料即可。

3. 热力膨胀阀的检修

热力膨胀阀是应用最广泛的一种节流机构。热力膨胀阀可分为内平衡式和外平衡式两种，图8-12所示为外平衡式热力膨胀阀。

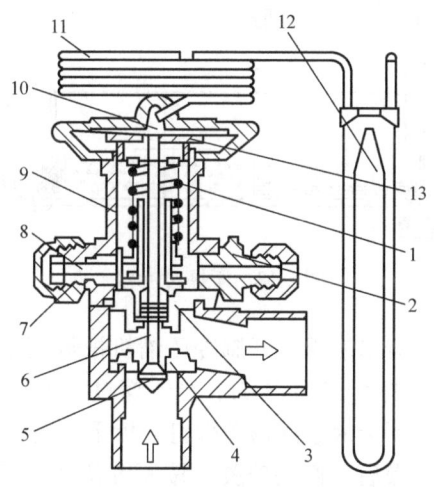

图8-12 外平衡式热力膨胀阀

1—弹簧 2—外平衡管接头 3—密封组合体 4—阀孔 5—阀芯 6—顶杆 7—螺母 8—调整杆
9—阀体 10—压力腔 11—毛细管 12—感温包 13—膜片

（1）阀门紧闭不开的原因及检修 阀门紧闭不开的主要原因是温包里的膨胀剂泄漏，使感温包的感应压力消失，阀门被关闭，其现象是制冷机组一开始运转就抽真空，膨胀阀没有流体声，阀后不接霜。因此查出泄漏点进行更换。

（2）传动杆的修理 每只膨胀阀都有一个最大的开启度，为了达到它应有的开启度，必须准确地保证传动杆的长度，也就是传动杆的长度应比阀针座到阀体上部高出（1.2±0.1）mm。若传动杆过长，可以除去多余的部分，若传动杆过短应换新的。在检修时可用外径千分尺测量传动杆的长度。

关于阀针与阀座的检修应用W40～W0.5微粉对研即可。

（3）阀孔堵塞的检修

1) 冰塞。因为水不能与氟利昂制冷剂相溶，它随制冷剂流动，经膨胀阀节流后，蒸发温度降至 0℃ 以下，被析出的水分因温度降低而在阀孔处结成冰层，当冰层越积越厚时，阀孔被阻塞。排除以上故障的方式是在已设置的干燥过滤器内更换干燥剂，直至把全部水分吸出，热力膨胀阀不出现冰堵为止。

2) 脏塞。热力膨胀阀进液管口处设一很细的过滤网，用来过滤制冷剂循环中所带的污物。当过滤网内的污物杂质过多时，网孔过液就不畅通，严重时全部不通，形成热力膨胀阀的阻塞。它与冰堵的不同点是：在冰堵时，用热毛巾使热力膨胀阀升温后，堵塞消除，循环一段时间又出现堵塞。污物堵塞网孔用以上方法处理，热力膨胀阀还是不通。处理污物堵塞的方式是：把冷凝器或贮液器的出液阀关闭，使低压设备的压力降至 0MPa（表压），关闭热力膨胀阀后面的截止阀。把热力膨胀阀进液管的活接头拆开，拿出过滤网，在汽油中清洗干净，干燥后装复，微开通蒸发器的截止阀，松热力膨胀阀接头螺钉，把管内的空气赶出，拧紧螺钉即可正常工作。

(4) 干燥过滤器的维护　干燥过滤器用于氟利昂制冷系统过滤系统中的水分、油污和杂质的特殊装置，如图 8-13 所示，它是处理热力膨胀阀冰堵的有效方法。它的吸附剂一般用氯化钙和变色硅胶。氯化钙吸水性强，但吸水后容易出现粉末糊状物，阻塞热力膨胀阀和低压管道，所以多数检修人员选用变色硅胶。

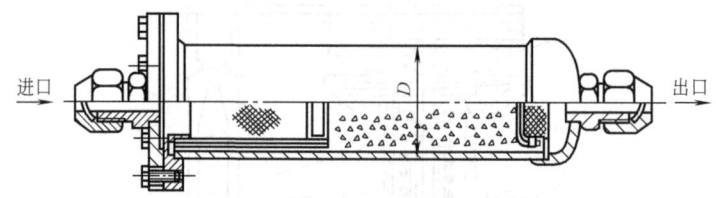

图 8-13　干燥过滤器

其操作步骤是：关闭冷凝器出液阀，开制冷压缩机把低压系统压力抽至 0MPa（表压），停车后过 10~15min，再抽一次低压系统压力，当干燥过滤器化霜后，关闭通蒸发器的截止阀，拆下干燥过滤器。然后拧下干燥过滤器盖螺钉，拆下端盖，取出变色硅胶，用汽油清洗滤网和过滤器内部的污物，干燥后，换上硅胶，按原方位装配好，微开通蒸发器的截止阀，拧松过滤器接头螺钉，把过滤器内的空气赶出。拧紧螺钉，开启过滤器前、后的截止阀，恢复制冷系统的正常工作。若热力膨胀阀还出现冰堵，可按以上方法换干燥剂，直至热力膨胀阀不再出现冰堵故障为止。

4. 电磁阀的检修

电磁阀是制冷与空调系统中常用的自动执行器，其结构如图 8-14 所示。

(1) 电磁阀通电不动作　其原因有：线包烧坏、铁芯卡住，装配错误。修理方法如下：

1) 更换新线包，用万用表测试。

2) 拆卸清洗，检查修理可能卡住的地方，若铁芯不能及时去磁，应换新件。

3) 若零件装配不当，应重新按顺序装配。

(2) 断电不关闭或关闭不严　其原因有：动铁芯或弹簧卡住；剩磁吸住动铁芯；阀芯密封面受损伤；动铁芯阀针拉毛或阀针座橡皮密封圈损坏；活瓣上有污物、拉毛或弹簧的弹力不够；阀体安装不垂直。修理时，先拆卸清洗，再检查以下问题：

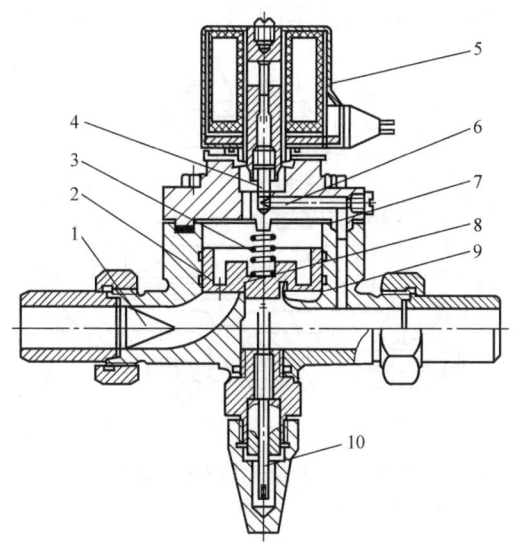

图 8-14 间接启闭式电磁阀
1—滤网 2—平衡孔 3—弹簧 4—小阀芯 5—阀体 6—导压孔
7—活塞套 8—大阀口 9—顶杆 10—活塞

1) 铁芯断电后有剩磁, 应换新件。
2) 弹簧变形或弹力不够, 应换新件。
3) 若阀芯密封面损伤, 可用 W1.5 微粉研磨修理, 若是聚四氟乙烯硬塑料密封圈应更换新件。
4) 若阀芯周围间隙过小或拉毛, 用 280# 的砂纸进行打磨, 用手放时很灵活为宜。
5) 阀针拉毛用细砂纸打磨, 橡皮圈老化或损伤, 应换新的。
6) 阀体安装不垂直时, 将两边螺钉松脱, 找垂直后再拧紧。

(3) 制冷剂向外泄漏　其原因是: 阀盖密封圈老化或损坏, 紧固螺钉没有没有均匀拧紧, 隔磁管亚弧焊损坏等。修理方法: 更换阀盖橡胶密封圈并对角均匀拧紧阀盖螺钉, 补焊或更换隔磁套管。

5. 其他阀门的修理

(1) 指示器角阀的修理　玻璃管液位指示器角阀的作用是: 一旦玻璃管炸裂出现跑氨事故时, 利用阀内钢球的密封作用阻止事故扩展, 如钢球与阀座密封面接触不良, 失去密封作用, 就不能有效地阻止事故的发展。因此, 在检修时应仔细检查, 若阀座的密封面上不光滑, 可在阀座上涂上研磨砂, 用铜棒或硬木棒打击弹子的方法修理。若阀座密封面有凹坑, 应在车床上车平或换新阀, 弹子不圆时应换新的。

(2) 浮球阀的修理　浮球阀是氨制冷系统中广泛使用的节流装置, 图 8-15 所示为一种非直通式浮球调节阀。

当发现浮球阀控制的液面不灵时, 主要是阀座与阀芯关闭不严或浮球泄漏所致。其修理方法是: 若阀针或阀芯与阀座孔不严密时, 可用研磨方法修理, 若阀芯孔与套筒孔对不齐时, 可拆下套筒重新调整位置, 浮球杠杆与支承杆连接不牢固时, 可用开口销紧固, 若发现浮球有针形小孔或裂纹, 可用锡焊或气焊焊补, 或直接更换浮球。检修装复后, 使制冷剂液面上升到要求的上限时自动关闭,液面降到下限时能自动开启,以实现自动控制供液的目的。

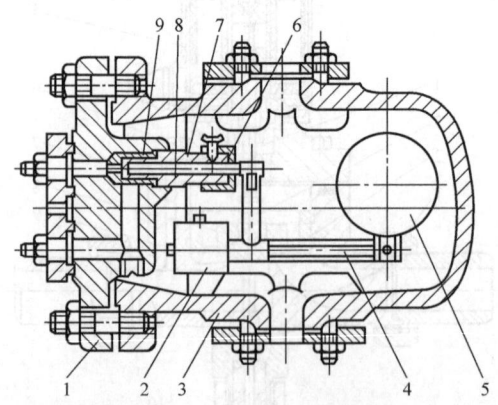

图 8-15 非直通式浮球调节阀
1—盖 2—平衡块 3—壳体 4—浮球杆 5—浮球 6—帽盖 7—接管 8—阀杆 9—阀座

(3) 止回阀的检修 止回阀的阀芯(若系合金材料的)与阀座关闭不严时,可用研磨方法修理,若密封面用聚四氟乙烯材料,可更换之。检查弹簧的弹力是否符合要求,否则应换新的。阀芯与阀的支撑座为滑动配合,有污物应清洗之。若有拉毛,锈蚀或间隙过小应用细砂纸打磨,以阀芯在阀座内上下动作灵活为宜。

(4) 安全阀的检修 安全阀是制冷与空调系统中常用的受压容器保护装置,图 8-16 所示为闭式安全阀的结构。

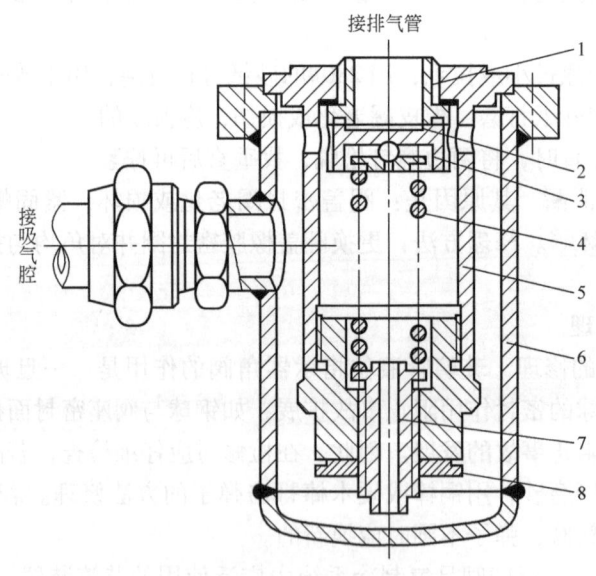

图 8-16 闭式安全阀
1—阀座 2—密封垫 3—阀盘 4—弹簧 5—阀体 6—外罩 7—调节螺栓 8—锁紧螺母

1) 安全阀失灵。当额定压力达不到时就起跳,或额定压力超过时不起跳。前者是弹簧的弹力不够或弹力减弱所致,应对弹簧进行热处理或换新件。后者是因零件有锈蚀或者有污物阻塞、产生卡住的现象,应除锈和清除污物,检查零件卡住的原因,加以消除。

2）安全阀的泄漏。安全阀的阀芯材料太软或者不耐腐蚀，阀芯与阀座的密封面研磨质量不合格或受到损伤，聚四氟乙烯材料老化，阀门因压力过高起跳，阀的密封面上有污物或阀芯落下后密封面压力不均匀，弹簧没有放正或钢球的位置不正等都能引起安全阀泄漏。其表现是：在设备上的安全阀用酚酞试纸实验变红色且有氨味，在机器上安全阀泄漏整个阀体都很热。安全阀的阀芯若用聚四氟乙烯塑料圈，可换新件，若用轴承合金的可重浇合金并在车床上加工即可。若阀座上密封面有损伤，可用研磨砂研磨或者更换阀座。

3）安全阀的调定。修理后的安全阀的起跳压力应进行调定，氨阀高压系统为1.8MPa（表压），低压系统为1.2MPa（表压）。用调整螺钉、调整弹簧来调节，调整合格后即可铅封。安全阀的检修一般使用单位不能进行。发现安全阀泄漏时，应到制造厂或者当地劳动安全部门指定的单位进行检修。

（三）法兰的检修

1. 法兰泄漏的主要原因

法兰螺栓的预紧力不够或不均匀连接的法兰翘曲，法兰螺栓预紧力过大产生塑性变形，法兰垫片损坏，法兰螺栓锈蚀严重而强度减弱等。

2. 法兰的修理

1）法兰螺栓预紧力不适当，应用扳手对角均匀拧紧螺栓。如螺栓塑性变形或严重锈蚀，应更换新的。

2）若法兰连接处的石棉垫片老化损坏，而失去密封能力，必须换新垫片。更换新垫片前，应将旧垫片清除干净，将新垫片涂上石墨粉润滑脂，装在法兰上，对角均匀拧紧法兰螺栓即可。

3）焊接的法兰出现翘曲，法兰有夹层、砂眼以及法兰密封面严重锈蚀或损坏等，应换新法兰，重新焊接修复。

五、注意事项

1）拆卸和装配阀件时要注意安全，注意相互配合。
2）检修阀件时要仔细认真，不可马虎大意。

六、思考与练习

1. 如何更换阀门的填料？
2. 如何判断热力膨胀阀阀孔堵塞的类型？
3. 如何检修阀兰？

实训二十四　离心泵的拆卸与装配

一、实训目的

离心泵是制冷系统的常用泵，主要用于输送制冷剂、冷媒水、冷却水、盐水、热媒水等流体。

通过本实训的学习，学生应掌握离心泵拆卸和装配的方法及注意事项。

二、实训要求

1. 能够进行离心泵拆卸和装配。
2. 了解离心泵拆卸和装配时的注意事项。
3. 能够进行齿轮氨泵的拆卸和装配。

三、实训设备和工具

（一）实训设备

单级单吸悬臂式离心泵　　　　　　　　　　　　一台
单级双吸式离心泵　　　　　　　　　　　　　　一台
齿轮氨泵　　　　　　　　　　　　　　　　　　一台

（二）实训工具

钳工工作台、活扳手、梅花扳手、钳子、锤子、铜棒等。

四、实训内容

（一）单级单吸悬臂式离心泵的拆卸

单级单吸悬臂式离心泵适用于输送温度不高于80℃的清水或物理化学性质类似清水的其他液体，是制冷与空调专业的常用水泵形式。

图8-17所示为B型单级单吸离心泵的结构，其结构主要由泵体、泵盖、叶轮、泵轴、托架、轴套、密封环、填料环、填料压盖、轴承、泵联轴器、支架等组成。

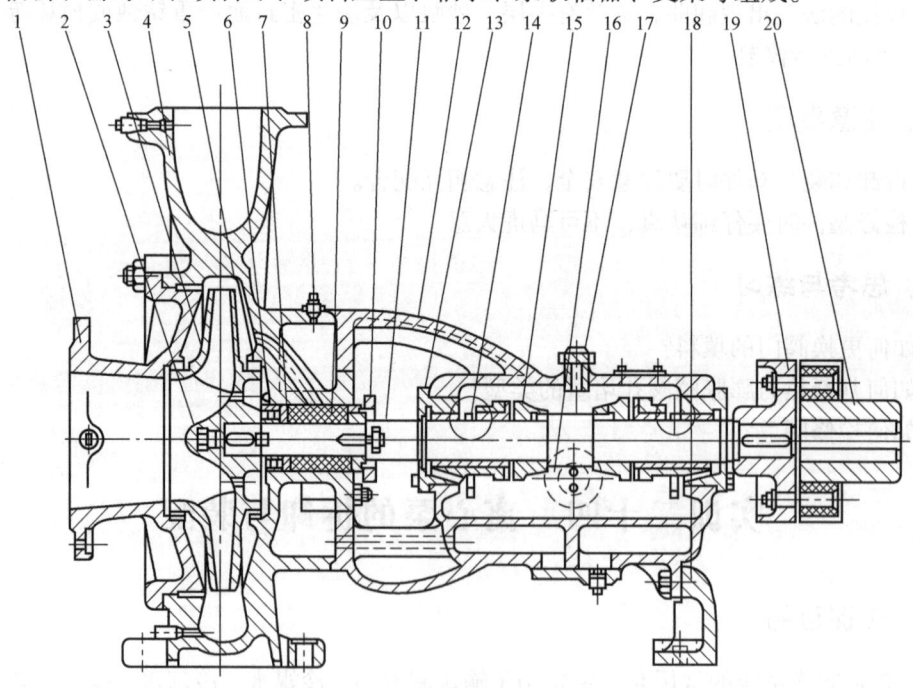

图8-17　B型单级单吸离心泵的结构

1—泵盖　2—叶轮螺母　3—叶轮　4—泵体　5—密封环　6—轴套　7—支承套　8—填料环　9—填料　10—填料压盖　11—泵轴　12—托架　13—轴承　14—油环　15—止推盘　16—油标　17—通气塞　18—支脚　19—泵联轴器　20—电动机联轴器

B 型单级单吸离心泵的拆卸步骤为：

联轴器的拆卸产。先拧下轴上的螺母，用锤子沿联轴器的四周交替对称轻敲，即可取下。若此方法拆不下来，可用顶拔器或如图 8-18 所示的工具拆卸。

（1）泵盖的拆卸　先卸下泵盖与泵体间的连接螺母，然后用锤子垫以纯铜棒敲击泵盖，即可将泵盖拆下。若带有顶出螺栓，可直接用顶出螺栓顶下泵盖。

（2）叶轮的拆卸　拧下叶轮螺母，用木锤或铅锤沿叶轮四周轻轻击打即可拆下叶轮，若叶轮锈蚀在轴上时，可先用洗油或汽油浸洗后再拆。

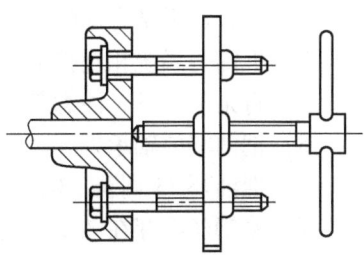

图 8-18　拆卸联轴器的工具

（3）泵体的拆卸　先卸下泵体与托架间的连接螺母，取下泵体。再卸下填料压盖，取出在填料盒内的填料。

（4）泵轴的拆卸　卸下托架轴承体上的前、后轴承压盖，再用纯铜棒由轴的前方向后（即向联轴器方向）敲打，即可将轴取下。

（二）单级双吸式离心泵的拆卸

单级双吸式离心泵同单级单吸式离心泵用途相同，适用于输送温度不高于 80℃ 的清水或物理化学性质类似清水的其他液体，但双吸式离心泵的流量比单吸泵要大，也是制冷与空调专业的适用水泵形式。

图 8-19 所示为单级双吸式离心泵的结构，具体拆卸步骤为：

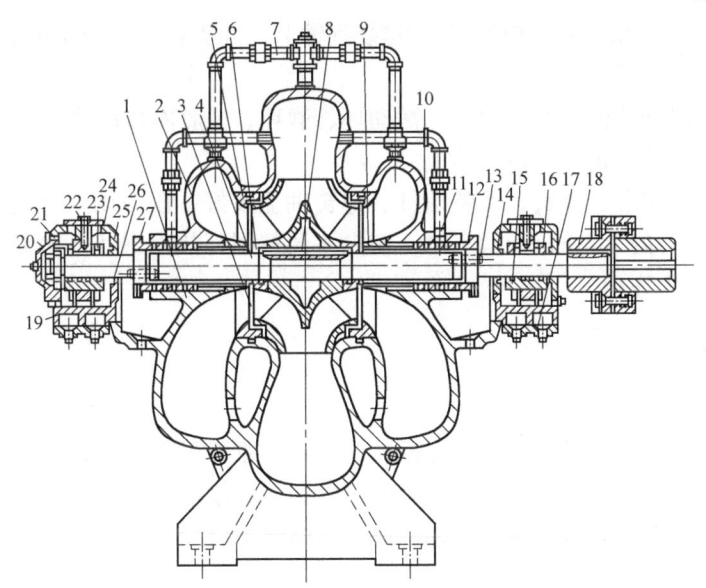

图 8-19　单级双吸式离心泵的结构

1—泵体　2—泵盖　3—叶轮　4—泵轴　5—双吸密封环　6—轴套　7—空气管　8—键　9—填料套　10—填料　11—填料环　12—填料压盖　13—压盖螺栓　14—轴承盖　15—下轴瓦　16—上轴瓦　17—冷却室盖　18—联轴器　19—轴承体　20—轴头螺母　21—单列向心滚珠轴承　22—圆柱销　23—油环　24—加油盖　25—轴承密封环　26—挡油圈　27—轴套螺母

1)拆卸联轴器销钉,使泵与电动机脱离。
2)拆卸水平结合面螺栓及销钉,使泵盖 2 与下部泵体 1 分离。并把填料压盖 12 卸掉。
3)拆卸与系统相连接的管路,并将管头用棉布包裹,防止落入脏物。
4)将泵盖吊下,注意起吊平稳。
5)把两端的轴承拆开,拿走轴承盖 14 和上轴瓦 16。
6)把油环 23 调至下轴瓦 15 的两边,防止起吊时将下轴瓦带出。
7)将钢丝绳穿在转子两端起吊。

(三)齿轮氨泵的拆卸

氨泵种类较多,结构不同,拆装方法和修理项目也不同,国内目前应用较多的是屏蔽氨泵和齿轮氨泵。齿轮氨泵的拆卸步骤如下:

1)拆下地脚螺栓,取下联轴器的弹簧,拆出泵体。
2)卸掉安全阀塑料螺母,先将调整螺杆拧松,卸下弹簧轴盖,取出弹簧,调整螺杆,弹簧座及阀芯。
3)卸去联轴器。
4)卸下联轴器端压盖。
5)将油封壳体拆下,取出机械密封器。
6)如机械密封器的活动环不便取出时,可从主动轴从左端抽出,然后取出密封器的弹簧座、弹簧及活动环。
7)取出主动齿轮和被动齿轮,卸去齿轮上的键,将齿轮和轴分开。

(四)齿轮氨泵的装配

1)将清洗后的主动齿轮、被动齿轮用键装到轴上,再从泵体的左侧向右对准轴承孔装入。
2)装左、右二侧端盖。
3)将机械密封器的弹簧座、弹簧、活动环、静环、橡胶圈依次装入油封壳体内。
4)用螺钉将压盖固定在油封壳体上。
5)将安全阀的阀芯、弹簧、调整螺杆、弹簧轴盖装好,压力调至合格后加以铅封(一般调至正常排出压力的 1.5 倍)。调压时,应先将调整螺杆旋至最小压力处,然后再逐渐提高,直到需要的压力为止。

五、注意事项

1)装配与拆卸的步骤相反。
2)如遇到拆不下的情况,不要强行拆卸,应查明原因再进行拆卸。
3)拆下的零件应按顺序摆放在工作台上,以免损坏零件。
4)部分结合面在拆卸时应注意做好标记,这样便于装配。

实训二十五 泵的性能试验

一、实训目的

通过本实训的学习,学生应能够掌握泵的主要性能参数中的流量、扬程、输入功率和转速的测量方法,并通过计算得出泵的输出功率和泵的效率等参数。以及在此基础上绘制主要参数间的性能关系曲线,即 H—Q、P—Q 和 η—Q 曲线。

二、实训要求

1. 通过看试验装置图,掌握试验装置的组成,并了解装置原理。

2. 在给定的试验装置上进行试验,掌握流量、扬程、功率、转速等数据的读取。对于不能直接读数的参数,会通过公式换算而得出。

3. 能够在理论知识的基础上计算出泵的输出功率和效率。

4. 能够根据试验数据绘制泵的性能曲线。

三、实训器材

(一) 实训装置

泵性能测试的试验装置可采取如图 8-20 所示的开式池试验回路。其主要设备包括被测泵、压力表、流量计和流量调节阀门等。

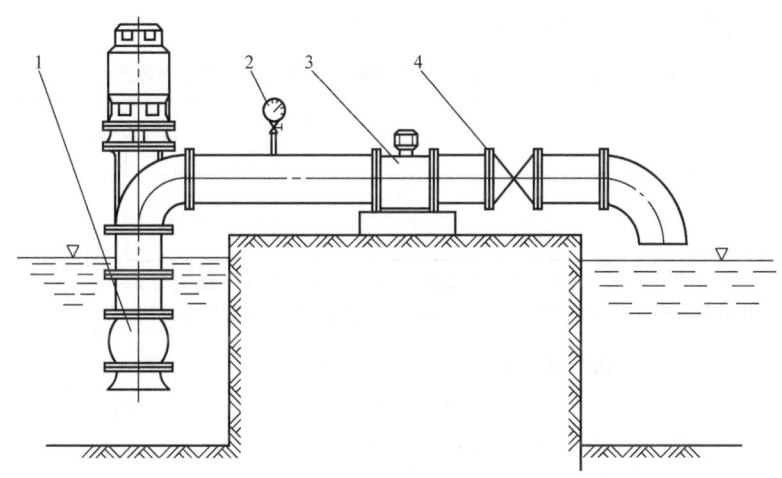

图 8-20　立式泵开式池试验回路
1—被试验泵　2—压力表　3—流量计　4—流量调节阀门

(二) 实训工具及仪表

温度计、秒表、直尺、外径量表、流量计或量筒、台秤和容器、万用表、计算器等。

四、实训内容

(一) 性能试验前的准备

将工况点调到规定点,进行泵的磨合,并一一记录以下数据:

1) 轴承与填料盒处的温升情况,持续记录直至稳定。

2) 泵的输入功率的变化情况,持续记录直至稳定。

3) 轴封处的泄漏情况。

4) 振动、噪声情况。

(二) 性能试验的具体步骤

1. 预定试验工况点的值

预先确定试验的工况点，基本原则是以流量为基准，以试验大纲或试验通知书提出要求为依据，进行试验工况点的分点。当试验大纲或试验通知书无具体要求时，可按如下原则确定试验工况点：

1) 必须工况点的确定　保证点（或称规定点、设计点）流量 Q_G 的 0.9 倍，即 $0.9Q_G$、$0.95Q_G$、$1.0Q_G$、$1.05Q_G$、$1.1Q_G$ 及关死点（$Q=0$）。

2) 其他试验工况点的确定　按上述规律向两边递增，应注意所有工况点均匀布置。新产品出厂试验的工况点一般不应少于 13 个，其他试验的工况点可根据具体要求适当少一些。

2. 运转的稳定条件与稳定性检查

运转的稳定条件是指试验所有涉及的参数（包括流量、扬程、转矩、输入功率和转速）的平均值均不随时间而变化。在试验中则认为，如果一对试验工况点至少在 10s 内观察到的每一参数的变化不超过表 8-2 上给出的值，并且其波动值又小于表 8-1 中所给出的容许值，即为稳定条件。

为此，需要将相关的数值与表 8-1 和表 8-2 中的数值进行比较，即先进行稳定性检查。稳定性检查包括读数波动性检查和重复性检查两项。

表 8-1　容许波动幅度：以测量量的平均值的百分数表示

测量量	容许波动幅度（%）		
	精密级	1 级	2 级
流量、扬程、转矩、输入功率	±3	±3	±6
转速	±1	±1	±2

注：如果使用差压装置测量流量，测量的差压的容许波动幅度，精密级和 1 级应为 ±6%；2 级应为 ±12%。在分别测量入口总压力和出口总压力的情况下，最大容许波动幅度应根据扬程进行计算。

表 8-2　同一量重复测量结果之间的变化限度（基于 95% 置信限度）

条件	读数组数	每一量的最大读数和最小读数之间相对平均值的容许差异					
		流量、扬程、转矩、输入功率			转速		
		精密级（%）	1 级（%）	2 级（%）	精密级（%）	1 级（%）	2 级（%）
稳定	1		0.6	1.2		0.2	0.4
	3	0.8	0.8	1.8	0.25	0.3	0.6
	5	1.6	1.6	3.5	0.5	0.5	1.0
	7	2.2	2.2	4.5	0.7	0.7	1.4
	9	2.8	2.8	5.8	0.8	0.8	1.6
	13		2.9	5.9		0.9	1.8
	>20		3.0	6.0		1.0	2.0

(1) 读数波动性检查　所谓读数波动，是指在一次读数的时间内，读数相对于平均值的短周期变动。

波动值的计算公式为

$$平均读数值 = \frac{最大读数值 + 最小读数值}{2} \tag{8-1}$$

$$最大读数波动值 = \frac{最大读数值 - 平均读数值}{平均读数值} \times 100\% \quad (为+) \tag{8-2}$$

$$最小读数波动值 = \frac{最小读数值 - 平均读数值}{平均读数值} \times 100\% \quad (为-) \tag{8-3}$$

举例说明，图8-21所示为一U形管式水银压差计，在测量读数时，汞柱上、下波动，或读出其最大读数值为 $h_{max} = 50\text{mmHg}$，最小读数值为 $h_{min} = 46\text{mmHg}$，试确定其波动幅度。

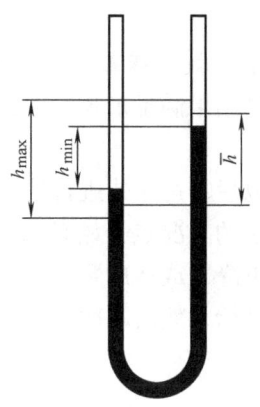

图8-21　U形管式水银压差计

计算过程为：

$$平均读数值 = \frac{最大读数值 + 最小读数值}{2} = \frac{50 + 46}{2}\text{mmHg} = 48\text{mmHg}$$

$$最大读数波动值 = \frac{最大读数值 - 平均读数值}{平均读数值} \times 100\% = \frac{50 - 48}{48} \times 100\% = 4.17\%$$

$$最小读数波动值 = \frac{最小读数值 - 平均读数值}{平均读数值} \times 100\% = \frac{46 - 48}{48} \times 100\% = -4.17\%$$

计算结构与表8-1的容许幅度相比较，此结果在其容许范围内，可进行下一步试验。

若结果超出表8-1的规定范围，可以在测量仪表及其连接管路中装设有限的稳定装置来减少波动幅度。再进行读数和确定其波动幅度，直至满足表5-1的容许范围。

（2）**重复性检查**　所谓重复性是指同一参数相邻两次读数间的变化情况，相邻两次读数的时间间隔应不少于10s。对每一个试验工况点，最低限度应取3组读数，并应记录每一个独立读数的数值和由每组读数所导出的效率值。每一个参数的最大值与最小值之间的百分率差不得大于表5-2所给出的值。进行数值比较时应注意，如果读数次数增加，则允许有较大的变化限度。

重复性值计算公式为

$$变化限度 = \frac{最大值 - 最小值}{最大值} \times 100\% \tag{8-4}$$

举例说明，用电磁流量计测量一固定点的流量，前三次读数分别为 $Q_1 = 50.170\text{m}^3/\text{h}$，$Q_2 = 49.773\text{m}^3/\text{h}$，$Q_3 = 49.820\text{m}^3/\text{h}$，试对其进行重复性检查。若将其读数次数加大为五次，且后两次读数分别为 $Q_4 = 49.526\text{m}^3/\text{h}$，$Q_5 = 50.081\text{m}^3/\text{h}$，再对其进行重复性检查。

分析：前三次读数的变化限度为

$$三次变化限度 = \frac{最大值 - 最小值}{最大值} \times 100\% = \frac{50.17 - 49.773}{50.17} \times 100\% = 0.791\%$$

表 8-2 中 3 组读数的流量精密等级的变化限度为 0.8%，计算结果比表 8-2 中规定值小。

$$五次变化限度 = \frac{最大值 - 最小值}{最大值} \times 100\% = \frac{50.17 - 49.526}{50.17} \times 100\% = 1.28\%$$

表 8-2 中 5 组读数的流量精密等级的变化限度为 1.6%，计算结果比表 8-2 中规定值小。可以进行下一步试验。

若分析结果大于表 8-2 的规定值，就意味着试验条件不稳定，需要查明原因，排除故障，重新进行重复性检查，直至计算结果满足表 8-2 的要求。

3. 试验工况点的顺序

经过运转稳定性检查满足要示以后，可正式进行性能试验。

性能试验的顺序，应从功率最小的工况点开始顺次进行。离心泵最好是从零流量开始，但有的离心泵一关死，压力会迅速下降，或造成泵内水汽化，使试验无法正常进行。这类泵可以不必关死，而从较小的流量点开始，然后顺次增大流量，一直试验到预定的试验大流量点为止。

4. 性能测试具体操作

1) 将运行工况点调节到试验工况点首点（即测试点中最小流量值点），并一一记录水池水位高度、水温、各表位差值、流量计显示值、入口表压力值、出口表压力值、泵轴转速和泵的输入功率等参数值。其中，流量显示值、入口表压力值、出口表压力值、泵轴转速和泵的输入功率等参数的读数次数应大于等于在重复性检查时，符合表 8-2 限度要求的读数组数的次数，最后取其平均值为本次测量的数据。

2) 测量完第一个试验工况点后，将工况调节到第二个试验工况点，运转 1~2min，并在出口管路系统中需要放气的部位放气，待运行稳定后，再一一记录上述各参数值（各参数的读数次数与上面的要求相同），一直试验到最后一个试验工况点为止。

3) 全部测试完毕后，应全面审核一下各参数的记录数据和各试验工况点间的变化规律是否正常。若发现异常变化规律，应找出原因，重新进行性能试验。

（三）测试数据的处理

1. 测试数据的计算

（1）泵的流量计算　流量的计算会依据流量计种类的不同而不同。实验室中常用的流量测量方法有电磁流量计、涡轮流量计、称重法测量和容积法测量等。其中的电磁流量计和涡轮流量计可以通过显示仪表直接显示流量值，不必计算。称重法和容积法是比较原始的流量测量方法，在实验室中使用较多。

所谓称重法，是指在某一时间间隔内，测量流入称重容器的流体质量，再将此质量换算成为体积流量的测量方法。其换算公式为

平均质量流量 $\qquad q_m = \dfrac{m}{t} = \dfrac{m_1 - m_0}{t}(1+\varepsilon)$ \hfill (8-5)

平均体积流量 $\qquad q_v = \dfrac{q_m}{\rho} = \dfrac{m_1 - m_0}{\rho t}(1+\varepsilon)$ \hfill (8-6)

式中　m_1——容器与流体的总质量（kg）；

m_0——容器的质量（kg）；

ρ——流体的密度（kg/m³）；

t——注入时间（s）；

ε——修正值，一般取 1.06×10^{-3}。

而容积法是指在某一时间间隔内，测量流入容器的流体体积，再将此体积换算成体积流量的测量方法。其换算公式为

$$\text{平均体积流量 } q_v = \frac{V}{t} \tag{8-7}$$

式中　V——注入量筒内的流体的实际体积（m³）；

　　　t——注水时间（s）。

（2）泵的扬程计算　在标准试验装置上试验时，泵的扬程可用式（8-8）计算，即泵的扬程 H 等于泵的出口总水头 H_2 与入口水头 H_1 的代数差。

$$H = H_2 - H_1 \tag{8-8}$$

$$H_2 = Z_2 + \frac{p_2}{\rho g} + \frac{v_2^2}{2g} \tag{8-9}$$

$$H_1 = Z_1 + \frac{p_1}{\rho g} + \frac{v_1^2}{2g} \tag{8-10}$$

式中　Z_2——泵的出口法兰面至相对基准面的垂直高度（m）；

　　　p_2——泵的出口法兰面处测得的表压力值（Pa）；

　　　v_2——泵的出口法兰面处的平均流速（m/s）；

　　　ρ——试验介质的密度（kg/m³）；

　　　g——重力加速度（m/s²）；

　　　Z_1——泵的入口法兰面至相对基准面的垂直高度（m）；

　　　p_1——泵的入口法兰面处测得的表压力值（Pa）；

　　　v_1——泵的入口法兰面处的平均流速（m/s）。

（3）泵的转速计算　一般情况下，泵的转速可以直接从测速仪表中读出，可不必进行计算。

（4）泵的输入功率计算　目前在泵测试中较普遍的输入功率测试方法是磁电相位差测功仪和电测功法。磁电相位差测功仪测量功率可直接从测量仪表中读出泵的输入功率，不必计算。电测功法是通过测量电动机的有关功率，通过计算获得电动机的输出功率，即为泵的输入功率 P。其电动机的输出功率可按下式计算

$$P_2 = P_1 \eta_{\text{电动机}} \tag{8-11}$$

$$\eta_{\text{电动机}} = \frac{1}{1 + \left(\dfrac{1}{\eta_{G\text{电动机}}} - 1\right) \cdot b} \tag{8-12}$$

$$b = \frac{x + \dfrac{K}{x}}{1 + K} \tag{8-13}$$

式中　P_2——泵输入功率（kW）；

　　　P_1——电动机输入功率（kW）；

$\eta_{电动机}$——实时负载下电动机功率点的效率；

$\eta_{G电动机}$——电动机额定功率点的效率；

b——统计系数，计算见式 (4-13)；

x——各实时功率与额定功率比值；

K——电动机损耗与变损耗之比。

一般情况下，K 值可按表 8-3 取值。

表 8-3 电动机定损耗与变损耗之比值 K

电动机转速/（r/min）	K
750	0.5
1000~1500	1.0
1500 以上	2.0

1）泵的输出功率计算。泵是把机械能转换成液体能量的机械。液体通过泵所增加的能量是靠流量和扬程来体现的，所以泵的输出功率（kW）的计算公式为

$$P_u = QH\rho g \times 10^{-3} \tag{8-14}$$

2）泵的效率计算。泵的效率即为泵的输出功率与输入功率的比值，其计算式为

$$\eta = \frac{P_u}{P} \times 100\% \tag{8-15}$$

2. 测试数据的换算

由于试验用电动机的实测转速 n 与规定转速 n_{sp} 之间存在着差异，所需要将实测转速下测得的性能参数（流量 Q、扬程 H、输入功率 P）值换算到规定转速下的性能参数值，具体换算公式为

$$Q_T = Q \frac{n_{sp}}{n} \tag{8-16}$$

$$H_T = H \left(\frac{n_{sp}}{n}\right)^2 \tag{8-17}$$

$$P_T = P \left(\frac{n_{sp}}{n}\right)^3 \frac{\rho_{sp}}{\rho} \tag{8-18}$$

式 (8-16)~式 (8-18) 中未加下标的参数为实测转速下测得的参数，下标 T 表示转换成规定转速 n_{sp} 下的对应参数值。

另外，在规定转速范围内，效率值可以不必换算，即 $\eta = \eta_{sp}$。

3. 性能曲线的绘制

性能曲线采用图 8-22 的图形形式。横坐标轴上表示流量 Q_T，左侧纵坐标轴上分别表示扬程 H_T 和泵的输入功率 P_T，右侧纵坐标轴上表示泵的效率 η（%）。图面一般以最高扬程值和最大流量值在两坐标轴上长度相等为最合适，并布满 80%~90% 的坐标平面。

绘图时注意应将 $H—Q$、$P—Q$、$\eta—Q$ 各性能曲线拉开距离，不要重叠在一起。

4. 试验报告的要求

试验结果经检查后，应该整理成试验报告形式待查。试验报告应包括下列内容：

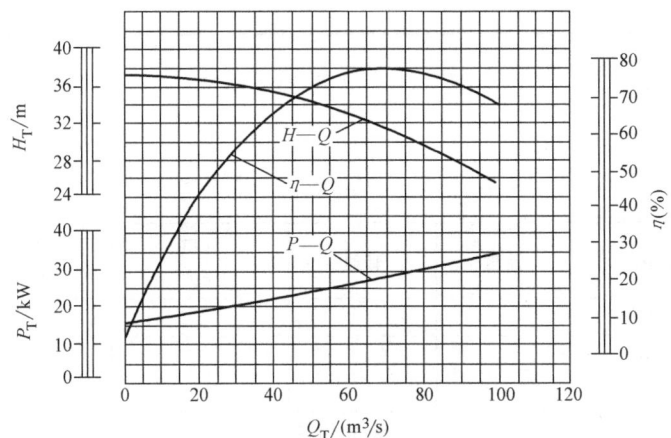

图 8-22 泵性能曲线

1）试验的地点和日期。
2）制造厂家名称、试验泵的型号、出厂编号以及制造年份。
3）叶轮直径、叶片安装角度或其他叶轮标识。
4）保证点的参数（保证点的流量、扬程、输入功率、泵的效率及必要的气蚀余量），和验收试验时的运转条件。运转条件包括试验运转的大气压力值、试验水温、入口测压截面直径、出口测压截面直径、入口表位差、出口表位差等。
5）泵所配用的电动机规格，包括电动机制造厂家、型号、额定功率、效率、转速、电压和电流等参数。
6）试验装置简图、有关试验方法和使用的测量仪表设备。
7）测量读数及绘制的性能曲线。
8）必要的试验结果的计算、换算和分析。
9）试验结论。

具体报告形式见表 8-4。

表 8-4　泵性能试验报告格式

试验名称		试验编号	
试验日期		泵名称	
泵型号		泵生产厂家	
保证参数	流量 Q_G	扬程 H_G	
	转速 n_{sp}	输入功率 P_G	
	效率 η_G	气蚀余量（$NPSH_r$）	
驱动电动机	制造厂家	型号	
	功率	转速	
	电流	电压	
试验条件	大气压力：	试验水温：	
	入口测压截面直径：	出口测压截面直径：	
	入口表位差：	出口表位差：	

（续）

试验装置简图：						

测量仪表	参数名称	流量	转速	入口压力	出口压力	输入功率
	使用仪表					
	仪表精度					
	有效期					

测 量 结 果

序号	流量	转速	扬程 /m				功率/kW		效率（%）	相对于规定转速下的值		
			入口压力	出口压力	速度水头差	扬程	输出功率	输入功率		流量	扬程	输入功率
1												
2												
3												
4												
5												
6												
7												
8												
9												

绘制性能曲线：

必要的换算和分析说明：

试验人员签名：　　　　　　　　　　　　指导教师签名：

五、注意事项

1）水位高度、水温、表位差只需记录一次。

2）在整个测试过程中，出口管路有放气阀门的部位，应经常放气，以确保数据的真实性。

3）绘制性能曲线图时所使用的参数应为换算到规定转速 η_{sp} 下的各性能参数值。

实训二十六　离心泵的气蚀试验

一、实训目的

在离心泵的工作过程中，如果水泵中最低压力 p_k 小于被抽流体工作温度下的汽化压力 p_{va} 时，将会产生气穴现象，即水泵中的水大量汽化，同时溶解在水里的气体自动逸出，形成气泡，并在高压区内爆裂的现象。较长时间的气穴现象使叶轮表面呈现蜂窝状或海绵状，同时凝结热加剧了活泼金属对叶轮壁面的腐蚀，这种效应被称为气蚀效应。

用来判定水泵是否会发生气蚀效应的参数为气蚀余量 NPSH，指水泵进口处，单位重量液体所具有超过饱和蒸汽压力的富裕能量。

通过本次实训，学生应了解水泵气蚀证实试验的过程，并能加以操作。能够在开式试验台上进行水泵 $NPSH_3$ 的确定试验，并能得出指定泵的 $NPSH_3$ 值。

二、实训要求

1. 正确使用试验装置。
2. 掌握试验步骤及入口压力调节方法。
3. 正确记录参数，并能进行换算和计算。
4. 能够绘制曲线图，并计算 $NPSH_3$ 值。

三、实训器材

（一）实训装置

泵的气蚀试验也可采用开式池试验回路，如图 8-20 所示。

（二）实训工具及仪表

温度计、秒表、直尺、外径量表、流量计或量筒、台称和容器、万用表、计算器等。

四、实训内容

（一）证实试验

泵的证实试验是指在规定的有效气蚀余量 $NPSH_a$ 下，证实泵的性能参数是否满足预期规定的要求。有效气蚀余量是指规定流量下的由装置条件确定气蚀余量 NPSH 值。

证实试验的具体步骤为：

在被试验泵做完性能试验的基础上，将工况点调节到需要做气蚀试验的工况点。

根据试验指导书中提及的可用气蚀余量值，换算出泵的入口测量截面处的表压力值 p_1。具体换算过程参照式（8-19）。

$$NPSH = Z_1 + \frac{p_1}{\rho g} + \frac{v_1^2}{2g} + \frac{p_b}{\rho g} - \frac{p_v}{\rho g} \tag{8-19}$$

式中　Z_1——研究点相对于 NPSH 基准面的高度，此数值在整个气蚀试验过程中是不会改变的；

p_1——入口测量截面处的表压力值,这个数值是本步骤中要确定的数值,也是后续试验步骤中要调节的数值;

v_1——入口测量截面处的平均流速,若采用流量恒定的调节方法,则此数值也不变;

p_b——大气压力值,可视为定值;

p_v——试验液体的汽化压力,只要试验液体温度不变,其数值不变。

式(8-19)中的 NPSH 值由试验指导书给出,Z_1 用钢直尺测量,p_b 和 p_v 的数值可从相关资料中查取。

在需做气蚀试验工况点的流量保持不变的前提下,改变泵入口测量截面处的表压力值 p_1,达到能满足有效气蚀余量值的表压力值。具体调节方式采用可改变吸入管路系统阻力的方法,即调节吸入侧阀门开度的大小或降低水池水位。

待运转稳定 1min 左右,并将出口管路系统需放气的部位放气后,一一记录各项性能参数值,具体参数包括泵的流量、扬程、转速和输入功率等。

将上述各性能参数值按相关公式进行计算和换算,并作出气蚀试验报告。

(二) 确定 $NPSH_3$ 试验

$NPSH_3$ 是在恒定流量下,泵的第一级扬程下降3%时的必需气蚀余量。而必需气蚀余量是指在规定的流量、转速和输送液体的条件下,泵达到预期性能的最小气蚀余量,记为 $NPSH_r$,此值通常由制造厂家提供。

进行 $NPSH_3$ 确定试验时,采用逐渐降低气蚀余量值,直至恒定流量下的第一级扬程的下降达到3%,此时的气蚀余量即为 $NPSH_3$。

试验具体步骤如下:

1) 在被试验泵做完性能试验的基础上,首先确定被试验泵需做气蚀试验的工况点。事先根据估计的气蚀余量 $NPSH_3$ 值的大小,对吸入表压力 p_1 值的改变幅值进行分档。刚开始的几点,调节幅值可大些,越接近 $NPSH_3$ 时调节幅值要越小。

2) 将运转工况点调节到所需做气蚀试验的工况点,从小流量点开始,依次进行试验。

3) 为了确保吸入侧真空导压管内不进水,应将靠近吸入侧测压孔处的导压管夹住,或用密封性好的截止阀关死,然后将真空计与大气相通,待几秒钟后再关上,将夹住的导压管或关死的截止阀打开,并对整个试验系统进行数次放气,观察性能参数显示值是否稳定,并与做性能试验时测得的相应数据进行比较,看是否走超出重复性的公差范围。若超出范围,应再次放气,检查原因,待故障排除后再次调节,并进行后续试验。

4) 上述操作一切正常后,记录大气压力值、试验水温 t 值,以及起始点的有关性能参数值:流量 Q_0、转速 n_0、吸入口测量截面处的表压力值 p_{10} 和首级出口测量截面处的表压力值 p_{20}。

独立改变吸入侧节流阀门,而随调节改变 NPSH、扬程、出口节流阀,保持流量不变。

在调节吸入侧节流阀门时,要均匀、平稳、缓慢地进行,必要时可以调一下停一会儿,还需要对出口管路系统中应放气的部位进行放气。

待需测量的数据稳定后,检查流量值 Q 与起始流量值 Q_0 之间是否有变化:若数值相等,可记录数据并进行下一步试验。若流量 Q 有变动,则应及时调节出口阀门,将流量值调到相等,再对出口系统放气,待运转 1min 显示数据稳定后,方可读数。

5) 每调节一次吸入节流阀门,待测量数据稳定后,一一记录下吸入口表压力值和排出口表压力值,以及相对应的流量和转速。一直调节到出口表压力值下降得很多,数据出现大幅度波动,扬程值也明显下降为止。

6)试验结束前,再测量一次水温。

7)数据的计算:将上述各测试点一一记录下来的每组数据,按式(8-19)和式(8-20),分别计算出每组数据所对应的气蚀余量和泵的扬程。

$$H = (Z_2 - Z_1) + \frac{p_2 - p_1}{\rho g} + \frac{v_2^2 - v_1^2}{2g} \tag{8-20}$$

式中 Z_2、Z_1——水泵出口和水泵入口相对于 NPSH 基准面的高度;

p_2、p_1——水泵出口和水泵入口测量截面处的表压力值;

v_2、v_1——水泵出口和水泵入口测量截面处的断面平均流速。

8)气蚀余量值 $NPSH_3$ 的判别:一般情况下,气蚀余量 $NPSH_3$ 的值由作图法求得。具体过程如图 8-23 所示,以扬程 H 值为纵坐标,以气蚀余量 $NPSH$ 为横坐标,并将 H_0 值和 $H' = (1-3\%) H_0$ 值画在坐标图中,然后将该工况点下通过上述计算得到的气蚀余量值与扬程 H 值相对应,找到其测试点并标示在坐标图中,再将这些点连成一条光滑的曲线。这条光滑曲线与直线 H' 的交点为 A,再过 A 点作一条与横坐标轴相垂直的线,与横坐标轴交于 B 点,B 点所表示的气蚀余量值即为该工况点的气蚀余量 $NPSH_3$ 值。

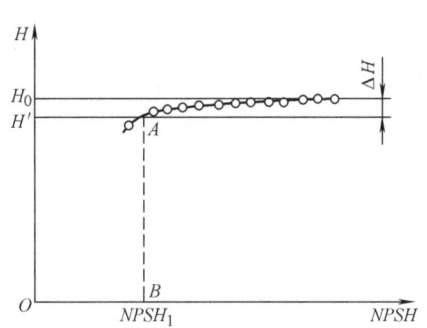

图 8-23 $NPSH_3$ 判别曲线

9)$NPSH_3$ 值的换算。通过图 8-16 所得到的 $NPSH_3$ 值是在实测转速 n 下的值,按标准规定,应换算成规定转速 n_{sp} 下的值 $(NPSH_3)_T$。具体换算公式如下

$$(NPSH_3)_T = (NPSH_3) \times \left(\frac{n_{sp}}{n}\right)^x \tag{8-21}$$

式中 x——指数值,一般情况在 1.3~2 之间,推荐取 $x = 2$。

10)填写试验报告:试验报告形式见表 8-5。

表 8-5 水泵气蚀试验试验报告

试 验 名 称		试 验 编 号	
试 验 日 期		试验泵名称	
试验泵型号		试验泵生产厂家	
流量		扬程	
大气压力		试验水温	汽化压力
需做气蚀试验工况点参数			

（续）

绘制装置简图					
测量结果					
序 号	流 量	转 速	入口压力	首级出口压力	扬 程	NPSH
1						
2						
3						
4						
5						
6						
7						
8						
9						
10						
11						
12						
13						
绘制 $NPSH_3$ 判别曲线					
判别结果：$NPSH_3$ = m					
换算到规定转速下的 $(NPSH_3)_T$ = m					
试验人员签名：			指导教师签名：		

五、注意事项

1）在确定 $NPSH_3$ 的气蚀试验中，调节吸入侧节流阀门时要注意，吸入侧阀门调节应一直向关闭方向调节，直至该试验工况点的气蚀试验做完为止，绝不允许出现一会儿关小、一会儿开大的拉锯式调节。

2）确定 $NPSH_3$ 的气蚀试验的步骤 5 中，数据变化较慢，应耐心等待，直到稳定为止，绝不可操之过急，否则会影响试验结果。

附 录

附录 A 螺杆式制冷压缩机（GB/T 19410—2008）（节选）

1 术语和定义

JB/T 7249 确立的以及下列术语和定义适用于本标准。

1.1

螺杆式制冷压缩机 screw refrigerant compressors

用带螺旋槽的转子（螺杆）在压缩腔内旋转使气体压缩的容积式压缩机。

1.2

螺杆式制冷压缩机组 screw refrigerant compressors unit

由螺杆式制冷压缩机、原动机及其他附件组装在一起，用于压缩制冷剂蒸气的机组。

1.3

制冷压缩机的制冷性能系数 refrigeranting compressor coefficient of performance

全封闭、半封闭式制冷压缩机的性能系数指某一工况下制冷量与同一工况下输入功率的比值，开启式制冷压缩机的性能系数指某一工况下制冷量与同一工况下轴功率的比值。它在国际单位制中无量纲。

1.4

压缩机电动机额定功率 nominal power

压缩机配用的电动机在额定电源参数下其轴输出的名义功率（以下简称电动机额定功率）。

1.5

露点 dew point

在一特定压力下的制冷剂蒸气饱和温度。

2 产品分类

2.1 压缩机及机组按其结构分为开启式、半封闭式和全封闭式。

2.2 压缩机及机组按转子的配置分为单螺杆式、双螺杆式等。

2.3 压缩机和压缩机组的型号表示方法由制造厂自行规定。

3 基本参数

3.1 名义工况

压缩机及机组名义工况时的温度条件应符合表 1 的规定。

表 1 压缩机及机组名义工况（环境温度35℃）

类型	吸气饱合温度（相应蒸发温度）/℃	排气饱合温度（相应冷凝温度）/℃	吸气温度/℃①	吸气过热度/℃①
高温（高冷凝压力）	5	50	20	—
高温（低冷凝压力）	5	40	20	—
中温	-10	45	—	10 或 5②
低温	-35	40	—	10 或 5②

① 吸气温度适用于高温名义工况，吸气过热度适用于中温、低温名义工况。
② 用于 R717。

3.2 设计和使用条件

压缩机及机组的设计和使用条件见表2。

表 2 设计和使用条件　　　　　　　　（单位：℃）

类型	吸气饱和（蒸发）温度	排气饱和（冷凝）温度	
		高冷凝压力	低冷凝压力
高温（热泵）	-15~12	25~60	25~45
高温（制冷）	-5~12	25~60	25~45
中温	-25~0	25~55	
低温	-50~-20	20~50	20~45

4 标志、包装、运输和贮存

4.1 标志

4.1.1 每台压缩机或机组应有耐久性铭牌固定在明显部位，铭牌的尺寸和技术要求应符合 GB/T 13306 的规定。铭牌上应标示下列内容：

4.1.1.1 压缩机
  a）制造厂名称及商标；
  b）产品名称和型号；
  c）主要技术参数（制冷剂、理论容积流量、最高工作压力、转速、压缩机的质量）；
  d）产品出厂编号；
  e）产品制造日期。

4.1.1.2 压缩机组
  a）制造厂名称及商标；
  b）产品名称和型号；
  c）主要技术参数（制冷剂、名义工况、名义制冷量、电动机额定功率、机组的名义质量）；
  d）产品出厂编号；
  e）产品制造日期。

4.1.2 压缩机或机组在相关部位上应有标明运行状态的标志（如压缩机和油泵的旋转方向、冷却水的流动方向、指示仪表以及各控制按钮等）和安全标识（如接地装置、警告标识等）。

4.2 出厂附件及文件

4.2.1 每台压缩机或机组应随带下列技术文件。

4.2.1.1 产品合格证，其内容包括：

 a）产品名称和型号；

 b）产品出厂编号；

 c）检验结论；

 d）检验员、检验负责人签章及日期；

 e）制造厂名和公章。

4.2.1.2 产品说明书，其内容包括：

 a）产品名称和型号、工作原理、适用范围、执行标准、主要技术参数（名义制冷量、电动机额定功率、名义性能系数、额定工作电流、名义噪声值、名义振动值）及性能特点；

 b）产品的结构示意图、制冷系统图、电气原理图和接线图；

 c）安装说明和基础图；

 d）使用说明、维护和保养注意事项及安全技术说明。

4.2.2 装箱单。

4.2.3 随机附件。

4.3 包装

4.3.1 压缩机或机组在包装前应进行清洁、干燥、防锈处理，然后充入 0.03～0.05MPa（表压）的氮气或相应制冷剂气体（危险气体除外）。

4.3.2 压缩机或机组包装应符合 GB/T 13384 的规定外，还应在压缩机或机组的外表面用塑料膜或防潮纸覆盖，备用易损件和工具涂防锈油后应加以包装，并固定在箱中，以保证在正常的贮存、运输中不致损坏和受潮。

4.3.3 包装箱上应清晰标出下列内容：

 a）发货站和制造厂名称；

 b）到货站和收货单位名称；

 c）产品名称和型号；

 d）净质量、毛质量；

 e）外形尺寸；

 f）"小心轻放""重心""向上""吊装位置"和"怕湿"等有关包装、贮运标志。包装标志应符合 GB/T 6388 和 GB/T 191 的有关规定。

4.4 运输和贮存

4.4.1 压缩机或机组在运输和贮存过程中不应碰撞、倾斜、雨雪淋袭。

4.4.2 压缩机或机组在包装后应贮存在干燥、通风良好的场所。

附录 B 压缩机和压缩机组型号表示方法

1 型号表示方法

压缩机型号表示方法按下列规定：

 a）螺杆式制冷压缩机

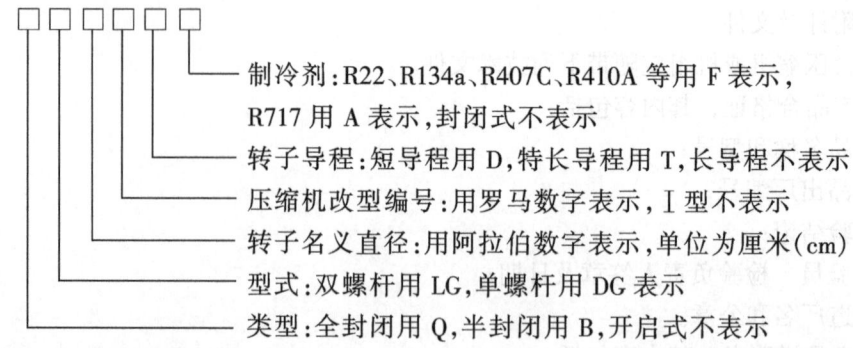

b) 螺杆式制冷压缩机组

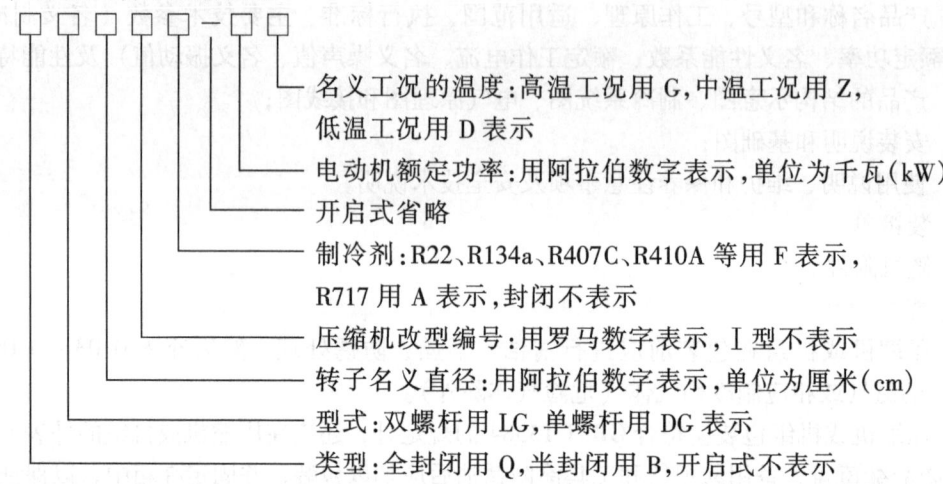

2 型号标记示例

a) LG16ⅡTA：表示转子名义直径为 160mm、以 R717 为制冷剂、特长导程、第二次改型的开启螺杆式单级制冷压缩机。

b) BLG14-45G：表示转子名义直径为 140mm、配用电动机额定功率为 45kW、用于高温名义工况的半封闭螺杆式单级制冷压缩机组。

参 考 文 献

[1] 匡奕珍. 制冷压缩机 [M]. 北京：机械工业出版社，2015.
[2] 朱立. 制冷压缩机与设备 [M]. 北京：机械工业出版社，2005.
[3] 李玉春. 制冷装置制造工艺 [M]. 北京：人民邮电出版社，2003.
[4] 缪道平，吴业正. 制冷压缩机 [M]. 北京：机械工业出版社，2001.
[5] 戈兴中. 制冷与空调装置安装、维修及管理 [M]. 北京：化学工业出版社，2002.
[6] 李晓东. 制冷基本操作技能实训 [M]. 北京：化学工业出版社，2007.
[7] 郑国伟. 空调制冷设备维修问答 [M]. 北京：机械工业出版社，2002.
[8] 周邦宁. 空调用螺杆式制冷机 [M]. 北京：建筑工业出版社，2003.
[9] 小原淳平. 百万人的空调技术 [M]. 北京：科学出版社，2011.
[10] 羊爱平，徐南波. 制冷空调技能实训 [M]. 广州：暨南大学出版社，2005.
[11] 韩宝琦，李树林. 制冷空调原理及应用 [M]. 北京：机械工业出版社，2002.
[12] 陈金顺. 空调制冷设备维修问答 [M]. 北京：机械工业出版社，2002.
[13] 王凤喜，涂文义. 泵类设备使用与维修问答 [M]. 北京：机械工业出版社，2007.
[14] 郑梦海. 泵测试实用技术 [M]. 2版. 北京：机械工业出版社，2006.
[15] 郁永章. 容积式压缩机技术手册 [M]. 北京：机械工业出版社，2000.
[16] 陈金顺. 空调制冷设备维修问答 [M]. 北京：机械工业出版社，2002.